달려라!
펑크난 靑春
자전거 전국일주

달려라! 펑크난 靑春 자전거전국일주

지 은 이 | 박세욱
펴 낸 이 | 김원중

편   집 | 우승제
디 자 인 | 정지영
제   작 | 최은희
펴 낸 곳 | DDK(주)
　　　　　도서출판 선미디어

초판인쇄 | 2005년 7월 10일
초판발행 | 2005년 7월 15일
출판등록 | 제2-2576(1998.5.27)

주   소 | 서울시 마포구 상수동 324-11
전   화 | (02)325-5191
팩   스 | (02)325-5008
홈페이지 | http://smbooks.com

ISBN 89-88323-72-6 03980

값 12,000원

달려라!

펑크난 靑春

자전거

전국일주

PROLOGUE

자전거 전국여행. 아마 누구나 한번쯤 그려보는 꿈이 아닐까? 어떤 이들에겐 좀더 구체적인 현실이 될 수도 있고 또 다른 이들에겐 현실과는 동떨어진, 단지 어린아이들의 꿈같은 희망에 불과한 것에 그칠지 모른다. 그러나 한 가지 확실한 것이 있다면 어느 누구에게든지 이것은 꿈에서 현실로 이루어질 수 있다는 것이다.

나 역시 오래전부터 자전거 전국여행에 대한 막연한 희망을 가지고 있었다. 하지만 나는 언젠가 이루리라는 기대의 끈을 놓지 않았다. 그것이 언제일지 전혀 가늠할 수 없었을 때에도.

2004년 여름에 여행을 떠나기로 마음을 먹은 2003년 봄. 1년이 훌쩍 넘은 이후의 일이지만 나는 1년 동안 가끔 꿈에서까지 여행을 했다. 여행에 대한 타는 듯한 갈망은 지루했던 1년의 세월을 견디는 힘이 되어 주었다.

그리고 이제는 그 희망을 현실로 이룬 계단을 한 걸음 올라와 잠시 고개를 돌려, 지나온 계단들을 돌아보려 한다.

지금부터 시작될 이야기는 막연했던 나의 꿈이 현실로 이루어지는 과정에 대한 기록이다.

이 기록은 지워지지 않는 기억이 되어 앞으로 내가 살아가는 동안 좋은 추억으로 남아 줄 것이다.

>>>>>>> 박 세 욱

Contents

PART 3 **부산에서 영월까지**

PART 4 **영월에서 서울까지, 마지막 질주**

출발전 2주일

본격적인 여행을 위한 준비는 2주 동안 이루어졌다. 너무 짧지 않느냐고? 그렇다. 너무 짧은 기간이다. 하지만 그럴 수밖에 없는 사정이 있었다. 여행 구상은 오래전부터 했지만 본격적으로 조사하고 준비하는데 2주는 너무나도 부족하였다. 아무런 사전지식이 없던 나에게는 말 그대로 '맨땅에 헤딩하기'였기 때문이다. 준비를 시작하면서 굉장히 막막했다. 궁금한 것도 너무나도 많았다.

'어떤 자전거를 선택해야할까?'

'텐트는? 그 무거운 걸 들고 갈 수 있을까?'

'어느 정도까지 전문적인 지식을 공부해야 할까?'

'자전거 고장 나면 수리하는 방법을 어디서 어떻게 배울 수 있을까?'

'자전거를 장시간 탈 때 주의해야 할 사항은 뭘까?'

'도로는 주로 어떤 도로를 타야하며 주의사항은 뭘까?'

'자전거로 갈 수 없는 도로를 만나게 되면 어떻게 해야 할까?'

'여행루트를 짜는데 고려해야 할 자전거의 한계는 뭘까?' 등등.

이런 수많은 질문들을 해결해 나가야 하였다. 주위에 자전거에 대한 지식을 가지고 있는 사람이 없었기에 인터넷과 책이 도움이 되리라고 생각했다. 먼저 책을 찾아보았으나 책으로 나온 자전거 여행기는 한 손으로 꼽을 만큼 적은데다가 내가 궁금해 하는 질문들에 대한 답을 주는 책을 찾아 볼 수 없었다. 다행히 자전거의 구조를 설명한 책은 한 권 찾았다. 이 책은 도움이 많이 되었다. 그리고 인터넷을 조사하였다. 자전거 동호회의 사이트들을 찾아다니며 참고할 만한 자료들을 긁어모았는데 많은 도움도 되었으나 단점은 전문용어가 너무 많아서 초보자로서 이해하기가 힘들었다는 것. 내가 원하는 수준 이상의 정보들이 너무 넘쳐났다는 것.

이러한 여러 가지 조사를 하면서 그때그때 중요한 정보와 필요한 여행 준비물을 기록하여, 하나씩 구입하고 준비하였다. 품목은 한두 가지가 아니기에 생각날 때마다 적어서 기록해야 한다.

하지만 자전거로 여행해 본 경험이 없었기에 생각했던 것과 실제와는 확실히 차이가 있었다. 결국 처음 들고 간 짐의 20% 이상이 불필요했던 것 같다. 처음 싼 짐의 총 무게가 20kg 가까이 되었는데 줄인다면 15kg으로도 됐을 것 같다. 따라서 가다가 쉽게 살 수 있는 것이고 꼭 필요할지 어떨지 확신이 서지 않는다면 빼는 것이 좋다. 혼자 간다면 무조건! 최대한 간단히! 둘 이상이라면 짐에 대한 부담이 적어지므로 좀 여유 있게 가져가도 될 것이다.

이러한 조사와 동시에 다른 준비도 하였다.

그 중 한 가지가 바로 「스폰서를 구하는 것」이었다. 될 것이라고 기대했기 때문이라기보다는 스폰서를 구해보기 위해 시도해 본다는 것, 노력해 본다는 것 자체에 나는 큰 의미를 두었다. 이것 역시 '맨땅에 헤딩하기'였다.

우선 이름이 알려진 유명한 자전거 회사들의 홈페이지를 둘러보며 전화번호를 모았다. 그리고 한군데씩 전화를 걸어 나의 여행 계획을 설명한 뒤 자전거 한 대를 스폰서 해줄 수 있는지 문의하였다. 대부분 일언지하(一言之下)에 거절하였다. 솔직히 이때 한군데 한군데, 거절을 받을 때마다 다른 곳에 전화를 거는 것이 망설여졌다. 그러나 노력한 보람이 있어서인지 한 회사로부터 계획서를 보내달라는 답변을 받았고 미리 작성해 둔 계획서를 보냈다. 그리고 기쁘게도 OK 사인을 받았다. 그 회사는 바로 'Elfama'라는 브랜드로 유명한 'Procorex' 사였다.

Elfama는 아마 생소할 것이다. 유명한 브랜드지만 일반 자전거가 아닌 고급 MTB 브랜드이기 때문이다.

협찬을 받게 되니 우선 기쁨과 동시에 마음에 부담도 되었다. 협찬을 받게 되니 내 마음 한편에 '힘들면 포기할 수도……'라는 생각이 있었다는 것을 깨닫게 되었다. 따라서 부담감은 긍정적으로 해석해서 '절대 포기할 수 없다!'라는 각오를 시켜주는 동시에 다른 준비를 하는 면에서도 큰 추진력이 되었다.

마지막의 준비는 바로 체력과 관련된 것인데 지금까지 설명한 준비들을 하는데 너무 바빠서, 사실 시간 활용을 잘못한 탓이 크지만 이러저러한 이유로 제대로 하지 못했다. 그래도 자전거를 세 번 정도는 타 보았다. 특히 남산 훈련은 단 한 번이었지만 좋은 경험이었다. 아무튼 나는 이렇게 2주 동안 이런저런 준비를 마쳤다. 특히 마음의 준비를 마쳤다.

이제는 떠나는 일만 남았다.

Part 1

제주도를 향해 달리다

북제주군

제주도

남제주군

모든 일의 시작

     드디어 출발의 날이다. 태풍 '메기'로 인하여 2일간 출발하지 못했다. 마음의 준비를 마친 뒤에 2일간을 기다린다는 것은 쉬운 일이 아니었다. 무엇보다도 아직 여러 가지로 준비 부족을 느끼고 있던 터라 빨리 출발하지 않으면 굳게 다잡은 마음이 흐트러질까 봐 두려웠었다. 결국 오늘은 출발이다. 태풍도 물러갔고 날씨도 맑다.

7시 조금 넘어 일어났다. 설레임보단 긴장된 마음에 어젯밤 잠을 설쳤다. 가슴이 두근거린다. 수능시험 당일 아침만큼이나 가슴이 두근거린다. 아침을 먹고 짐을 마지막으로 점검한 후에 처음으로 자전거에 실었다. 짐받이 위에 큼지막한 배낭을 올리고 그 위에 텐트와 돗자리를 가로로 놓고 밧줄로 칭칭 묶었다. 그리고 동네를 한바퀴 돌아보았다. 출발 당일 아침에 처음으로 짐을 점검하는 태만함이란! 짐무게가 상당해서 자전거가 휘청거림을 느꼈다. 짐무게 약20kg. '페니어'(Pannier)라는 가방을 사용하였다면 조금 덜했을 것이지만 그냥 짐받이 위해 쌓아 놓았기 때문에 무게중심이 높아져 불안정하였다. 적응할 필요를 느꼈다. 현재시각 9시. 10시에 출발. 기다리는 시간은 나를 조여온다. 긴장감이 높아져간다.

첫 미션은 **자전거로 지하철 타기**다. 시작부터 자전거를 안 타고 웬 지하철이냐고 생각할 수도 있으나 여행 중 나의 한 가지 목표는 가능한 모든 운송수단에 자전거를 싣는 것이었고 서울을 벗어나는데 힘을 뺄 필요가 없다고 생각했다. 지하철에 타려면 출퇴근 시간을 피해야 하였기에 30분간 기다렸다.

드디어 9:30분, 어머니, 누나, 동생과 악수를 하고 상계역으로 출발했다. 10시 남짓, 상계역 도착. 우선 짐을 풀어야했다. 짐 묶고 푸는 것도 장난아니다.

가장 큰 배낭을 등에 메고 작은 가방을 앞에 메고 텐트와 돗자리를 양 어깨에 메고 자전거를 번쩍 들고서 계단을 통과⋯⋯. **두근두근두근**⋯⋯게이트를 통과. 승강장 앞까지 한달음에 갔다. 게이트 앞에 표 끊는 곳에 역무원들이 있기에 '태클이 들어오진 않을까?' 걱정하기가 무섭게 어느새 나의 몸은 게이트를 통과하고 있었다. 맨 마지막 칸에 가서 탔다. 자전거에 그 엄청난 짐을 메고, 그 화려하디 화려한, 부끄러워

몸둘 바를 모르게 하는 상의를 입고 헬멧에 고글까지……. 정말 가관(佳觀)이다. 아름다울 가(佳)에 볼 관(觀) 자. 보기에 아름다운 모습이니 사람들이 어찌 안 볼 수 있을까? 허나 아직은 얼굴의 철판 두께가 종이 한 장만 하기에 차마 고글을 벗지 못했다.

10시 넘어서 지하철을 탔는데 갈수록 왜 이렇게 사람들이 많이 타는 걸까? 이 시간이면 없을 줄 알았는데……. 사람들은 자전거가 있음에도 계속 몰려들었고 한 번씩 쳐다보았다. 가끔 노골적으로 인상을 쓰는 사람도 있었다. 자전거 받침대가 없어 눕혀놨기에 공간을 꽤 차지했는데 결국 나는 일어나서 자전거를 붙잡고 서있었다.

시내를 지나니 다시 공간이 많이 나 한숨 돌리고 MP3를 꼽는 순간 예상치 못하게 사당역에서 멈추어 섰다. 사당행 열차였다. 이런! 탈 때 확인을 안했군. 주의부족이라고 해두자. 급하게 자전거와 4개의 짐을 챙기는 와중에 텐트의 손잡이가 끊어졌다. 처음 살 때부터 한쪽이 끊어져 바늘로 직접 튼튼하게 처리했는데 반대쪽이 끊어진 것이다. 나의 주의부족과 텐트회사를 욕하며 다음 열차를 기다리는데……. 기관사와 눈이 마주쳤다. 에라, 모르겠다. 못 본 척 탔는데 다행히 태클 없음.

예전에 자취생활을 할 때 자전거를 두어 번 지하철로 옮겨봤는데 그때 하도 태클을 많이 당해서, 그것도 많은 사람들 앞에서 역무원들이 무안을 주는 일들이 있었기에 경계를 많이 할 수밖에 없었다. 어쩌면 그때 받았던 무안을 극복하고자 지하철 타기를 고집했는지도 모르겠다. 결국, 목적지인 금정에서 내렸다. 그런데 급한 마음에 그 무거운 걸 다 들고 출구를 헤매 계단을 오르락내리락. 짐을 다시 묶는데도 애먹었다. 아직 침착하지 못하다. 이러면서 배우는 거다! 라고 생각하면서, 또 첫 관문을 통과한 것에 웃음 지으면서!

쉽사리 1번 국도를 찾아 달리기 시작했다. 갓길이 있었으면 얼마나 좋았을까. 예상과 전혀 다르게 갓길 0%. 도대체 누가 1번 국도가 좋다고 말했나? 완전 죽음이다. 여행 전 여행기들을 읽으면서 1번 국도가 좋다는 정보를 입수했다. 갓길이 넓다는. 그러나 전혀 아니었다. 이 정도를 가지고 좋다고 했다면, '설마! 다른 길들은 이것보다 더 안 좋다는 말인가?' 하는 생각이 들었을 땐 갑자기 힘이 빠질 정도였다.

하지만 1번 국도가 뉘 집 동네 길도 아니고 서울-목포를 잇는 그 엄청나게 긴 도로에서, 여행기를 쓴 사람들은 자신들이 탔던 부분이 좋다고 말했다는 걸 깨닫게 되었다. '몇 번 국도 좋다 나쁘다'는 것은 모두 일부분을 보고 말하는 것임을 알게 된 것이다.

곧 좋은 길이 나오길 기대하면서 달렸지만 갓길은 없고 버스와 화물차만 왜 이리 많고 또 위협하는지. 그 매연을 모두 들이마시고, 뜨거운 태양 볕에 선크림도 바르지 못한 상태다. 가지고는 왔으나 바를 정신이 없었다. 심지어 매너가 땅을 뚫고 들어간 한 운전사가 뒤에서 이유 없이 빵빵대다가 옆으로 돌아 내 앞에서 갑자기 차머리로 내가 가는 길을 막는 것이 아닌가? 놀라 급정거하다가 가로수에 부딪히자 그 차는 다시 유유히 출발했다. 일부러 그런 것이었다. 이럴 수가! "이 XX 거기서!!" 짧게 신음하며 차를 쫓아 달려보지만 역부족이다. 차는 유유히 멀어져간다.

시작부터 많은 생각이 교차한다. 이게 아닌데, 내가 그토록 꿈꿔왔던 여행은 이런 게 아니었는데……. 내가 상상했던 것은 탁 트인 벌판을 가로지르며, 바람을 가르며 그 모든 것을 느끼며 달리는 것이었다. 어깨에 멘 가방은 벌써부터 왜 이리 무거워만 지는지…….

점심 시간이 지나 배는 고프고 주위에 많은 가게들이 보였지만 멈추고 싶지가 않았다. 힘든 만큼 그냥 빨리 벗어나고 싶은 마음에 '조금만 더 조금만 더'라고 외치며 달렸다.

그러다가 길가에 토스트 가게에서 간단히 점심을 때웠다. 그리고 다시 괴로운 길을 달리다 길가 벤치에 누워 30분간 잠들었다. 좀 개운해진 몸으로, 정신적 데미지도 조금 회복하여 다시 달리며 MP3를 귀에 꽂았다. 그러나 단 1분도 지나지 않아 MP3를 귀에서 뺐다. 음악 들을 여유가 없다. 정말 생사가 오락가락 할 정도로 자동차의 위협이 장난이 아니었다.

정신 바짝 차려야 한다!

정신 바짝 차려야만 산다!

이렇게 **평택**까지 왔다. 지금 생각해보면 긴 거리도 아니지만 처음 자전거여행을 시작하는 나로서는 처음이라 많이 힘들었다.

평택에서 갑자기 시골길이 나오다가 1번 국도가 다시 나왔다. 그리고 드디어! 갓길이 나왔다.

역시! 이 정도 갓길이면 좋다고 말할 수 있다. 그곳에서 한 자전거 여

시작부터 많은 생각이 교차한다. 이게 아닌데.
내가 그토록 꿈꿔왔던 여행은 이런 게 아니었는
데…… 내가 상상했던 것은 탁 트인 벌판을 가
로지르며, 바람을 가르며 그 모든 것을 느끼며
달리는 것이었다. 어깨에 멘 가방은 벌써부터
왜 이리 무거워만 지는지……

행자를 만났다. 길을 물어보다가 자전거 여행자 같아 인사만 한 후 달렸
다. 내가 쉬면 그 친구가 지나치고, 그 친구가 쉬면 내가 지나치고. 그러
다가 내가 먼저 말을 건넸다.

그는 국민대 학생이었다. 사진동아리에서 제주도를 가는데 자전거로
목포까지 가서 제주도는 배로 건너가 동아리 사람들과 합류한 뒤 비행기
로 돌아오는 여행계획을 가지고 있었다. 그런데 그도 태풍으로 출발이
이틀 지연되어 도중에 버스를 타야할 것 같다고 말했다. 어찌되었건 방
향이 같으니 내일까지 함께 움직이기로 했다.

그는 자전거를 좀 아는 친구였다. 이런 여행도 처음이 아니었고. 짐도
나와 비교했을 때 정말 간단해 보였다. 물론 자전거를 타는 일정이 불과
3일도 안 되니……. 그의 짐을 보자 내 짐은 전보다 더 무겁게 느껴졌다.

천안에 도착하였다. 자전거 점포가 눈에 띄었다. 도저히 안 되겠
다 싶어 그곳에서 자전거 앞에 짐받이와 받침대를 달았다. 도합 25,000
원. 비싸다. 앞에는 짐받이 달기가 구조상 어려워 어거지로 달았다. 드
디어 등에 멘 배낭으로부터의 해방이다! 그 친구도 타이어가 펑크 나서

손을 보았는데 직접 펑크를 때웠다.

　오늘 목표로 한 80km. 예정대로 채웠다. 휴식을 위해 그와 함께 찜질 방으로 갔다. 태어나서 처음으로 와본 찜질방! 이렇게 좋을 수가. 씻고, 밥 먹고, 일기 쓰고. 정말 힘든 하루였다. '그러나 힘들지 않다!' 라고 속 으로 되뇌었다.

　친구에게 문자를 보냈다.

　[야, 어떻게 된 거냐 하나도 안 힘들다.]

　답문이 왔다.

　[ㅋㅋㅋ 힘들어죽겠지? 내가 비밀로 하고 한 달 동안 놀아줄게]

　쓴웃음이 나온다. 그렇다. 난 여행 간다고 큰소리 떵떵 치고 다녔다. 돌아갈 곳은 없다. 물론 돌아갈 생각은 조금도 없지만

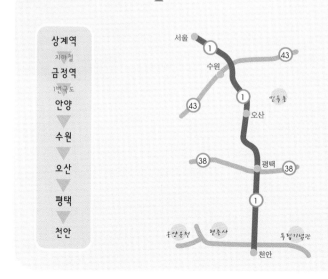

'앞으로 한 달 간 견딜 수 있을까?' 라는 나약한 생각은 아주 잠시 머릿속을 활보했지만 어디선가 '단 하루 만에?' 라고 외치며 뛰쳐나온 백혈구 떼거리가 그 생각을 사정없이 짓밟아 버렸다.

그리고 어디선가 이 한소리를 들은 기분이었다.

[잠이나 자라!]

그 말이 옳다. 자야 한다.

'내일을 위해!
또 앞으로 남은 모든 일정을 위해!'

아직 열정한 모습

올바른 도로주행방법

>> 법에서는 자전거를 차로 인정하고 있다. 그러므로 반드시 교통법규를 준수
하여야 한다.

>> 자전거는 사람이 타고 있을 때 법적으로 차로 인정받지만, 차선은 반드시
마지막 차선에서만 타도록 되어 있다. 도로 우측으로 붙어다녀야 지나가는
차로부터 위험을 피할 수 있다.

>> 무리해서 자동차를 추월하거나 노란불일 때 교차로를 통과하는 경우 사고
를 초래할 수 있다. 여행 중에는 자전거에 짐을 많이 싣기 때문에 자칫 잘
못하면 사고를 당할 수 있으므로 마음의 여유를 갖고 운행을 해야 사고를
예방할 수 있다.

>> 차선을 변경할 때나 회전을 할 때 수신호를 사용하는 것이 안전하다.

>> 버스나 자가용의 뒤를 따라갈 경우 반드시 앞 차를 주시해야 한다. 반드시
어느 정도 거리를 유지하여야 한다.

>> 가능하면 자동차에 양보를 하며 조심운전을 해야 한다. 또한 도로에서는
항상 보행자에게 우선 양보를 해야 한다.

>> 밝은 색의 옷을 입는 것은 필수. 자전게 뒤에 깃발을 달고 달리는 것도 좋
은 방법이다.

잠 못 이루는 사람

어젯밤 거의 2시간도 못 잤다. 몸은 너무나 피곤했지만 도무지 잠을 잘 수가 없었다. 왜일까? 피곤했기에 당연히 푹 잘 걸 기대했는데, 아니 이게 웬걸 또랑또랑한 정신이 꺼지지 않았다. 잠들지 못했던 것만이 아니라 새벽엔 설사만 두 번 했다. 그리고 끝끝내 깊게 잠들지 못한 채 아침을 맞고 말았다. 자야한다는 생각이 너무 간절했지만 6시에 일어나 준비를 시작했다. 도대체 잠을 이루지 못한 이유는 무엇이더냐? 피로회복도 20%.

밤새 정신이 말짱하느라 수고했다고 배는 일어나자마자 아우성이다. 너무 배고파 계란을 먹고 샤워하고 바로 출발. 출발과 동시에 **쓰나미**처럼 밀려오는 엉덩이 통증!!! 눈을 질끈 감고 앉았다. 피로 역시 그대로였지만 일단은 시원한 아침 공기를 가르며 쭉쭉 달려나갔다. 어제 만난 동료와 함께.

표지판을 보고 맞게 달리고 있다고 생각했는데 어디서 길을 잘못 들었는지 가다 보니 도중에 길이 없어져 버렸다. '지장리'라는 마을에서 길을 물어물어 지방도 629번을 타게 되었다. 전화위복이었다고 생각한다. 왜냐하면 이 지방도는 길은 빙빙 돌고 언덕도 많았지만 내가 꿈꿔왔던, 차들이 드문 한적한 시골길을 달리는 기분을 맛보았기 때문이다.

처음으로 만난 엄청난 고비! 산을 만났다. 언덕을 죽어라 올라간 뒤 터널을 지났다. 터널 뒤의 내리막길, 그리고 다시 나타난 엄청난 오르막! 오르고 난 뒤 '아니 이거 뭐야!' 하며 지도를 보니 591m의 **국사봉**이었다. 역시! 범상치 않은 봉우리였다.

너무 힘든 길이었다. 피곤한 몸에 무거운 짐. 남산과는 비교도 할 수 없었다. 결국 지쳐서 마지막엔 자전거를 끌고 갔다. 죽어라 페달을 밟으면 오를 수도 있었겠지만 하루 이틀 여행할 것이 아니었기에 몸이 걱정되었다. 끌고 가는 게 어찌 보면 더 힘들 수도 있다는 걸 깨달았지만….

결국 정점에 올라 바닥에 누워 버렸다. '大'자로 뻗어 버렸다고 하는 게 날 것 같다. 내가 누웠던 자리엔 교통사고 후 표시한 것처럼 선명한 흔적이 남았다. 하지만 곧 몸을 추슬러 '사진' 찍기 시도. 귀찮아도 해야만 하는 일이 있기에. 하지만 슬프게도 날씨가 흐려 제대로 나온 사진이 거의 없었다.

그러나 오르막 뒤의 내리막!!! 그 짜릿함을 맛보았다. 단지 내리막

결국 정점에 올라 바닥에 누워 버렸다. '犬'자로 뻗어 버렸다고 하는 게 날 것 같다. 내가 누웠던 자리엔 교통사고 후 표시한 것처럼 선명한 흔적이 남았다.

이어서가 아니라 구불구불한 길을 한참 내려갔기 때문이다. 거의 10km를. 속된말로 '날로 먹은' 느낌이었다. 그렇게 내리막이 끝날 무렵 유구읍에 다다랐다.

여기서 또 배탈, 현재 몸이 정상이 아니라는 신호가 계속된다. 우선 밥을 먹고 동네 초등학교에서 빨래를 한 뒤 돗자리를 깔고 잠을 자려는데, 짜증나게도 또 잠을 자지 못했다. 그렇게 3,600초 이상을 잠들기를 간절히 바라며 누워만 있었다. 옆에 깊이 잠든 친구의 모습이 너무 부러웠다. '이러다 몸이 병이 나진 않을까?' 하는 걱정이 심히! 든다.

잠시 휴식을 취한 후 지도를 보며 함께 의논을 해서 금강을 따라 내려가는 지방도를 타기로 결정. 강을 따라가면 약간의 내리막을 갈 수 있을 것 같아서였다. 그 전에 묵방산(370m)을 넘어야 하지만 아까보단 낮다.

한적한 시골길, 또다시 기분 좋게 달렸다. 힘든 언덕을 만났지만 이번엔 죽어라고 쉬지 않고 넘었다. 그런데 또 길을 잘못 들었는지 비포장도로가 나와 버렸다. 문제는 내 자전거 타이어는 이런 비포장용이 아닌데다가 짐무게+내 몸무게가 위에서 누르기에 '자갈밭에서 펑크라도 나면 어떡하나?' 하는 걱정이 들었으나 돌아갈 순 없는 법.

그렇게 3~4km쯤 달렸을까. 다시 포장도로를 만났고 계속달리다 40번 국도를 만났다. 이 국도는 완전 새삥! 갓 지은 도로였다. 차도 없는 완전 새 길을 달리는 기분이란! 아무도 지나지 않은, 끝이 보이지 않는 눈 덮인 평원을 가로지르는 기분정도 될까? 이건 좀 오번가?

그런데, 허허허!!! 또 길이 끊겼다. 다행히 도로가 보여 자전거를 메고 여러 장애물들을 건너서 도로를 탔다. 이제 부여가 코앞이다. 날은 저물고 힘은 다 빠졌다. 지도상으로 그리 멀지 않은 길이었지만 돌고, 헤매고, 산을 넘고 해서 힘들고도 긴 하루였다. 이곳에서 나의 하룻동안의 동반자는 버스를 타고 목포로 향했다. 그곳에서 배를 타고 제주도로 넘어갈 것이라 했다. 짧은 만남이었지만 동료가 있어 즐겁고 든든했다.

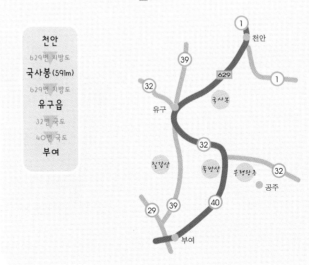

Travel Map

천안
629번 지방도
국사봉 (591m)
629번 지방도
유구읍
32번 국도
40번 국도
부여

하지만 원래 혼자 떠난 여행, 혼자에 익숙해져야 한다. 그를 보내고 소방서에 가서 재워 달라고 부탁을 해 보았다.

결과는? 거절당했다.

주위에 찜질방이 있으니 그리로 가라고 했다. 파출소에 가 볼까 하는 생각을 해 보았지만 어젯밤에 잠을 못 자 너무 피곤했기에 그냥 찜질방으로 향했다. 아직 텐트, 코펠을 사용하지 못했다. 그 무거운 것을!

찜질방은 어제와 비교도 안될 만큼 허름하다. 씻기 위해서 옷을 벗으며 거울을 본다. 아직 심하진 않지만 불과 이틀만에 변한 모습이 눈에 띈다. 얼굴은 시꺼멓게 타 들어가고 눈이 퀭하다. 이렇게 간다면 내가 얼마나 변할지 궁금하다. 나의 한계는 어디인가? 씻고 나서 눕는다.

오늘은 잠들기를 간절히, 정말 간절히 바라며!

말 시키지 마!

나의 남산훈련기

훈련이 절대적으로 부족했다.

여행 몇 개월 전 앉았다 일어서기, 달리기 등의 기초체력 훈련을 나름대로 했었는데 막상 여행출발 한 달 전부터는 운동을 하지 못했다. 더욱이 자전거를 타지 못했다. 이것저것 바빴던 통에 자전거여행을 한다는 녀석이 중랑천 길에서 자전거 2시간 탄 것이 자전거 훈련의 전부였다.

그러던 차에 제대로 된 훈련을 한번 경험할 수 있었다. 프로코렉스 사로부터 자전거를 스폰서 받고 며칠 뒤 아는 형에게서 전화가 한 통 왔다. 한강에서 만나자는 것이었다. 나와 찰떡궁합을 맞출 파트너와의 데이트이기에 중랑천변을 전력 질주하였다. 만나는 장소에는 MTB가 취미인 다른 형도 나와 있었는데 만나자마자 남산에 오르자는 것이 아닌가? 좋아 해 보자!

그런데 이렇게까지 힘들 줄은 미처 몰랐다. 오를 때는 정말 괴로웠다. 그러나 오르고 나니 자신감이 생겼다. 여행에 대한 자신감, 생각보다 쉬웠다거나 그런 것이 아니다. 상상도 안 해본 어려움이었으니까. 그보다는 '힘들어도 하면 할 수 있겠다!' 하는 자신감 또 드디어 훈련다운 훈련을 했다는 안도감! 여행 전 제대로 된 훈련 한 번 없이 떠나는 것에 대한 불안감을 날려버릴 수 있었다. 한 번의 훈련가지고는 어림없었겠지만 불안감은 어느 정도 날아갔다.

It was rainy day

　어젯밤 그 열악한 찜질방에서 수면실과 찜질방을 오가며 잠자는 걸 시도했다. 양쪽 모두 너무 시끄러워서 쉽게 잠들지 못했지만 결국엔 잠들었다. 3시쯤 축구 소리가 커서 또 깼는데 한국과 파라과이의 경기였다. 보고 싶은 마음은 있었으나 내일을 위해서 자제. 한때 내 취미가 배드민턴이었기에 손승모 선수의 배드민턴 결승 경기도 보고 싶었지만 참았다.

　그런데 뭔가 이상하다 했더니 내가 깔고 덮은 이불들이 하나도 없다. 주위를 둘러보니 한 아저씨가 모두 가져가서 자고 있었다. 순간 어처구니가 없었다. 덮고 있는 것을 가져가서 자다니. 짜증이 나려고 한다. 확 깨워서 다시 가져올까? 했지만, 흥분하면 잠을 못 자게 될까봐 그냥 마음을 빨리 가라앉히며 잠들길 시도했다. 잠을 못 자게 되는 게 그만큼 두려운 상황이었다. 어제는 잠을 아예 못 이뤘는데 이번엔 깔고 덮은걸 가져갔는데도 모르고 잤으니 참 다행이라는 생각을 하면서.

　8시에 일어나 짐을 싸고 출발. 편의점에서 우유를 사서 죽을 타 먹었는데 맛에 질려 버렸다. 무겁게 들고 온 죽. 왠지 앞으로는 안 먹을 것 같다는 강한 예감이 든다. 친구에게 문자가 왔다. 오늘 비가 온다고 한다. 별 생각 없이 그런가 보다하며 출발.

　오늘 계획은 23번 국도를 타고 내려가 68번 지방도로 빠져서 강을 따라가다 웅포대교를 건너 함열로 가는 것이었다. 그러나 초장부터 언덕이 많았다. 힘들게 넘어 내려가면 또다시 나타나는 언덕. 연속으로 세 개의 언덕을 넘은 후 헥헥거리며 정상에 도착했는데 포도를 팔고 있었다.

"아저씨 포도 한 송이만 살 수 있어요?"

"한 송이는 안 파는데."

".........그러면 한 송이만 얻어먹어도 될까요?"

그랬더니 한 송이를 주셨다. 나중엔 이런 상황이 익숙해졌지만 이러한 경험은 평상시엔 시도조차 하지 않는 일이기에, 내가 여행을 하고 있구나하는 것을 실감을 하였다. **갑자기 기운 100배!** 내리막을 쭈~우욱 내려갔다. 계속 희뿌연 날씨에 비가 살살 오기 시작했다. 당연히 그냥 달렸다.

그런데 문제는 길을 또 잘못 들은 것이다. '가다가 68 지방도를 만나

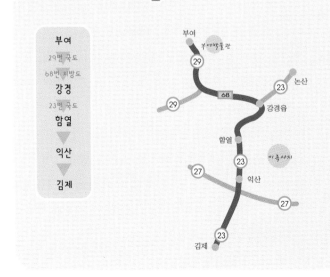

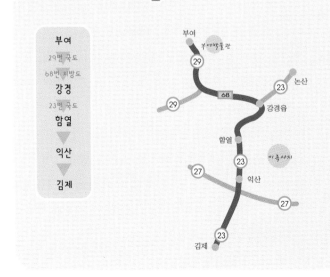

Travel Map

부여
29번 국도
68번 지방도
강경
23번 국도
함열
▼
익산
▼
김제

반가운 표지판

서 좌회전.' 이렇게 지도 보고 머릿속에 생각하며 달렸는데 맙소사! 가는 길에 68 지방도 좌회전이 두 개 있었다. 정말 미숙하다. 어쩐지 조금 일찍 지방도를 만난 것 같은 기분이 들긴 들었는데….

빗줄기는 꽤 굵어진 상황이었다. 그런데 몸에 힘이 넘쳤다. 어제 잠을 자서 그런 건지.... 그래서 멈추기가 싫었다. 가방에는 이때를 대비한 대형 쓰레기봉투 2장이 있었는데 짐을 다시 풀기가 싫었다. 한번 짐 풀고 묶는 건 고역이었으니까. 우비도 꺼내려면 짐을 다시 풀어야 하고, 그래서 계속 달렸다. '다음에 비를 피할 수 있는 버스정류장을 만나면 쉬어야지' 하면서도 막상 정류장을 만나면 '다음에 쉬지 뭐' 하는 식이었다. 그러다 비가 너무 굵어져 우왕좌왕하다가 때맞춰 초등학교를 발견해 그곳에서 비를 피했다. 처마 밑에 주차를 시키고 짐을 풀어 젖은 옷을 갈아입고 우산을 꺼내 들고 학교를 거닐었다. 학교는 매우 깔끔하고 멋졌다. 각종 조형물에 깔끔히 정리된 정원과 나무들. 내가 다닐 때의 초등학교는 밋밋 그 자체였는데.

휴대폰 사용에 미숙한 내가 휴대폰으로 인터넷인지 뭔지 접속해 일기예보를 처음으로 봤다. 그리고 모기퇴치기도 받았다. 예전에 형들과 남산에 올라갔을 때 이 모기퇴치기 덕을 봤었기에. 빗줄기가 약해져 다시 출발. 비가 언제 그칠지 알 수 없기 때문에 출발해야만 했다.

강경 입구에 도착.
'음. 여기가 강경이군.'

"끼이이익... 쾅!"

혼잣말이 끝나기도 전에 이 소리는? 깜짝 놀랐다. 항상 주위의 차들의 움직임에 신경을 써야 하였기 때문이다. 다행히 내가 사고 난 건 아니고 바로 내 뒤에 오던 차가 좌회전 하는 차와 충돌했다. 나와 불과 3m 뒤에서 부딪힌 차들을 뒤로한 채 강경 입성.

비도 계속오고 피곤도 해서 '이곳에서 기차를 타볼까?' 하고 생각도 했었다. 그런데 기차역 앞에 도착하며 망설이는 사이 비가 그쳤다. '아직 기차타기엔 이르다!' 다시 핸들을 돌렸다. 기차라는 카드 한 장을 이렇게 일찍 써 버리고 싶지 않았다. 비가 그친 마당에 더 달리고 싶어졌다. 일단 익산까지 달려보자!

가는 길의 국도의 갓길이 괜찮아 드디어 MP3를 귀에 꽂았다. 첫날은 갓길 없는 길에서 온 신경을 곤두세워야 되기 때문에 못 들었는데 오늘 처음으로 듣게 되었다. '러브홀릭'의 Loveholic. 신이 난다! 특히 음악 시작 부분의 '챙! 챙! 챙! 챙!' 하는 그 심벌(cymbal) 소리가 좋다. 엉덩이가 절로 들썩거린다. 체면? 하하.

길가에 함열여고가 보인다. 여고라서 망설여졌지만 오늘은 일요일이기에 용감히 들어갔다. 우선 학교 탐색. 엄청 넓었다. 학교가 이렇게 크다니. 학생은 없는 듯. 하지만 선생님 한 분 이상 계신 듯 했다. 운동장 연대에 자전거 세우고 짐 풀고 돗자리 깔고 낮잠을 청했다. 한 30분 잤나? 아 꿀맛이었다. 잠잔 것 자체로 만족하는 상황이었으니.

어제 그렇게 힘들었던 이유는 잠을 못 자서 그랬던 것 같다. 육포 한 점에 포도를 먹고 학교에 침입(?)하여 화장실에 갔다. 기분이 묘했다. 여고에 무단으로 들어가 화장실이라니. 물론 남자화장실이었지만. 더구나 바로 옆 교무실엔 선생님들이 있었다.

운동장 연대에 자전거 세우고
짐 풀고 돗자리 깔고
낮잠을 청했다.
한 30분 잤나? 아 꿀맛이었다.
잠 잔 것 자체로
만족하는 상황이었으니.

오늘 김제까지 가자! 비도 거의 안 온다. 논스톱으로 익산을 패스하고 김제로. 4시경. '어서옵쇼, 김제입니다.' 표지판을 만났다. 아직 한 20km 남았는데 표지판을 보고 김제에 진입한 것 같은 안도감에 다시 자리를 잡고 빵과 남은 포도, 육포를 먹었다.

아! 그런데 갑자기 폭우가 쏟아진다.

사실 김제를 지나 신태인까지 가려고 마음먹었었는데 비 때문에 김제까지만 가야할 것 같다. 폭우를 뚫고 20km를 달렸다. 사실 진작 씌웠어야할 쓰레기봉투를 씌우지 않아 짐들이 물을 잔뜩 먹어 더욱 무거워졌다. 백미러는 잘 보이지 않았고 옷은 물론 신발까지 쫄딱 젖었다. 물에 빠진 생쥐 꼴로 달리는 것이 좋을 리는 없겠지만 그럴수록 입가에 미소가 번진다.

'그래, 바로 이런 여행이야! 언제 이런 경험을 해 보겠어? 나중에 돌이켜 보면 이 순간이 기억에 많이 남을 거야!' 하는 생각에 한편으론 즐거워진다(여행말기엔 미치는 줄 알았다). 나처럼 비 쫄딱 맞으며 이동하고 있는 도보여행팀 10여명도 보았다. "동지들! 파이팅!"이라는 나의 외침이 빗소리에 묻혀 저 멀리까지 다다르진 못했다. 비는 더욱 굵어지고 날은 어두워져 간다. 마음이 점점 다급해져간다. 미친 듯이 밟았다. 아침엔 2*4, 5 정도로 올라가던 언덕을 3*6의 기어로 올라간다. 갑자기 어디서 그런 힘이 난건지……

　　김제 도착. 사람들이 다 쳐다본다. 물에 빠진 생쥐가 자전거를 타고 있으니 신기하겠지. 숙소를 잡으려 물어보는데 사람들이 이상한 사람인줄 알고 피한다. 한두 명 정도가 김제엔 찜질방이 없단다. 그러나 다른 분은 하나가 있단다. 결국 그곳을 찾아갔다. 물을 때마다 조금씩 가르쳐 주는 길이 달라지니 내가 던전(dungeon)에 와있단 말인가?

　　짐을 풀고, 옷 빨고, 가방에 신발까지 빨았다. 그리고 구석에 널어 놓았다. 물건 정리하고. 지도도 젖었다. 하지만 **예상했던 태클이!**

　　아저씨가 뭐라고 툴툴거리시더니 사우나실이 더 빨리 마른단다. 순간 솔깃해져서 '아 그런가?' 하며 몇 가지를 옮겨 놨다. 하지만 사우나실이 뜨겁긴해도 워낙 습도가 높아서 더 빨리 마르지는 않는 것 같다. 그래도 그렇게 하고 말끔히 갈아입고 시내에 나오니 기분이 좋다. 식당 찾는데 30분 걸렸다. 대부분 간판은 있는데 가게가 비었거나 문을 닫았다. 그 외에도 많은 상가들이 폐점한 것을 보니 정말 불경기임을 실감할 수 있었다. 밥 먹고 PC방 가고. 돌아와 아직 덜 마른 신발을 몰래 드라이로 말렸다. ㅋㅋㅋ

　　지하에 있는 정말 허접한 찜질방 수면실에 갔다. 아저씨 한 명이 있었다. 구조를 파악하기 위해 두리번거리며 돌아다니니 묻는다.

　　"저처럼 혼자 오셨나 봐요? 여기 분 아니죠?"

　　"아. 네 여기 사람 아닌지 어떻게 알죠?"

　　"여기 사람이면 자러 올 이유가 없잖아요."

　　이런 순간 바보가 된 느낌이었다. 이런저런 이야기를 나누다가 지금 자전거로 전국여행 중이라고 했더니 자신 또한 여행 중이라고 했다. 그리고 예전엔 직장을 그만두고 9개월간 외국을 돌아다녔다고 했다.

　　자전거로 전국을 도는 것보다 훨씬 큰 어려움이 뒤따르는 것이 혼자서, 특히 제3국가나 오지 등을 여행하는 것이라고 생각하고 있었던 터라 대화를 통해 좀더 용기를 얻게 되었다. 한비야 씨 같이 여자 혼자의 몸으로 오지를 여행하는 사람들이 있음을 알기에 그에 비하면 애들 장난같은 여행, 마지막까지 완주하리라는 투지를 불태울 수 있었다.

이제 잠을 청한다. 정신은 말짱하나 자기 위해 노력했다. 그런데 위층에서 뭔가 이상한, 아니 이상하다 못해 괴기한 소리가 들린다. 박수 치고 악을 쓰며 노래를 부른다. 순간 소름이 쫙 돋았다. '광신도' 집회인 듯. 아저씨와 함께 올라가 봤는데, 역시다. 여탕에서 열댓 명의 사람들이 울부짖는다.

다시 돌아와 눕지만 머릿속에선 별별 생각이 다 떠오른다. '내가 겁을 집어먹은 것일까? 지금 나는 말도 안돼는 상상을 하고 있는 것일까? 나중에 웃고 넘길법한 상상일까? 내가 영화를 너무 많이 봤나?' 그렇게 불쑥불쑥 떠오르는 생각들을 두더지 뿅망치로 때려 누르고 있는데 아저씨가 한마디.

"으스스하네요, 내일까지 무사할 수 있을까요?"

으……. 망치를 떨어뜨리고 말았다.

"설마 별일이야 있겠어요? 근데 혼자였다면 진짜 무서웠을 거예요."

"그렇죠? 지금은 서로가 서로에게 고마워해야 되요."

100% 공감. 서로가 서로에게 고마워해야 한다는 말이 와 닿는다. 그런 말을 주고받으며 하루가 끝나고 있었다.

이렇게라도 했어야 했는데~

타이어

타이어는 살 때부터 끼워져 있던 것을 바꿀 생각을 해본 적 없는 사람이 대부분일 것이다. 그러나 타이어의 종류를 알고 여행의 성격에 적합한 타이어를 고르는 것은 매우 중요하다. 하지만 아이러니하게도 꼭 하고 싶은 말은 타이어에 신경 쓸 여유가 없다면 그냥 가도 된다!! 라는 것이다.

타이어의 종류를 매우 간단히 나누어 보자면

산악용 타이어(오프로드용)

자전거의 출생부터 죽음까지 단 한번도 갈 일이 없는 일반 자전거에도 거의 모두 이 유형의 타이어를 쓰고 있다. 이 타이어의 장점은 지저분한 도로 위의 너저분한 위험한 물체들에 강하다는 것이다. 타이어의 생명을 위협하는 작은 돌, 금속조각들에도 보호받을 수 있다. 그러나 추진력이 매우 떨어지기 때문에 장거리 여행에 비추천이다.

슬릭타이어(온로드용)

말 그대로 도로 주행용 타이어이다. 내가 바로 이 타이어로 여행을 하였다. 여행의 95% 이상을 도로에서 달렸기 때문이다. 산악용 타이어에 비해 도로에서 적은 힘으로 더 큰 효과를 볼 수 있다. 그러나 단점은 오프로드용 타이어와 같은 울퉁불퉁함이 없기 때문에 작은 금속조각 같은 것에 쉽게 펑크가 날 수 있다. 또한 빗길에서 잘 미끄러진다.

세미슬릭 타이어

간단히 말해서 로드용과 산악용의 중간형태라고 볼 수 있다. 장점만을 모아놓았다고 말하긴 어렵지만, 여행에 적합해 보인다. 다음에 여행을 간다면 이 타이어로 갈 생각이다.

완전^{完全} 걸인^{乞人}

　　7:30분 기상. 팔, 다리, 목 모두 정상적으로 붙어있다. 무사하다. 새벽에 몇 차례 깼다. 아직까지 한번도 잠을 설치지 않은 날이 없다. 옆의 아저씨는 아직도 꿈 속이다. 조용히 일어나 올라가 짐을 쌌다. 어제 그 난리 소란 피우며 널어 놓은 빨래를 챙기고 덜 마른 운동화도 드라이로 한 30분은 더 말리고 어제와는 다른 사람으로 새 단장하고 나서는데 아저씨도 때마침 준비를 마치고 나서는 중이었다.

당장 출발할 계획이었는데 아저씨가 같이 아침 먹자는 말도 하고, 이 야기도 더 나누어 보고 싶은 생각에 OK. 그리고 평범한 분은 아닌 듯 했기에. 찾아간 곳은 어제 나 혼자 밥 먹은 식당. 순두부를 시켰다. 아저씨는 전라도에서는 어느 식당이 맛있을지 걱정할 필요가 없다고 했다. 어딜 가나 맛있고 반찬이 상다리 휘어지게 나오기에. 나는 전라도에 갓 진입한 상태였지만 그 순간, 그리고 전라도를 나와 다른 도로 들어가기까지 그 말에 계속 공감할 수 있었다.

아저씨는 신학대학생이다. 직장에 다니다가 신부가 되기 위한 꿈을 위해서 늦게 대학에 들어갔다. 지금은 수도원 생활 중 휴가로 나온 것. 9개월간 직장을 그만두고 해외로 돌았다는 어제의 이야기가 좀 더 듣고 싶어 물어보았다. 인도, 태국, 미얀마, 유럽을 다녔다고 했다. 또한 중학생 조카가 히말라야를 가고 싶다는 말에 조카를 데리고 히말라야를 트래킹

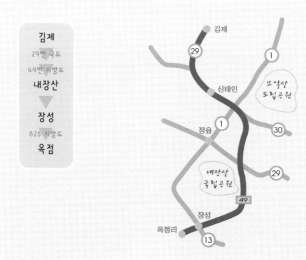

하며 4,300m까지 올라간 적이 있다고 한다. 대단한 분이다. 진짜 여행이 뭔지 아는 분 같다. 나는 아직 모르지만 그걸 느껴보고자 떠나왔다. 든든히 아침을 먹고 이제 또 각자의 갈 길로 출발. 혼자 갈 길을 가야할 때이다.

여행을 하며 사람을 만난다는 것. 혼자 떠난 여행이지만 길에서 만나는 사람들과의 짧은 순간의 만남과 대화는 여행을, 또 나를 살찌운다고 생각한다. 낯선 사람과 대화를 한다는 것이 쉽지 않은 일이며 대화를 한다고 해도 깊이 있는 대화는 어렵다고 하더라도 말이다.

각자의 길을 나섰다. 초반에 길을 택시기사님께 물어보았다. 탁월한 선택이었다. 지도에 조차 나오지 않은 최고의 길을 알려주었다. 701 지방도로. 경치 좋고, 차 없는 즐거운 시골길!

맑은 날씨에 맑은 공기에 탁 트인 시야에 한가로운 농촌의 풍경을, 음악을 들으며 가르는 이 기분. 해방감을 만끽한다. 정말 가슴에 가득 무언가 충전되는 느낌.

따르릉 따르릉 비켜나세요, 자전거가 나갑니다 비켜나세요~

내장산 입구에 다다랐다. 내장산……. 약간의 설렘과 함께 그보다 조금 더 강한 긴장감을 불러일으키는 산이다. 둘째 날 그 괴로운 산을 넘고 나서 그 친구가 한 말이 떠오른다.

"이 맛이 그리워 또 산이 넘고 싶어질 걸요."

그는 내장산을 넘어 보고 싶다고 말했다. 그 순간엔 전혀 공감하지 못했던 말인데 나는 내장산을 옆으로 도는 게 아니라 넘는 길을 택했다. 넘어 보고 싶다는 도전정신과 만나는 장애물을 피해선 안 된다는 스스로의 다짐. 그리고 그 친구의 말대로 오르막 뒤의 내리막을 맛보고 싶었다. 또한 다른 누군가로 부터 이 산넘기가 힘들었다는 이야기를 얼핏들은 적이 있기 때문에 그리고 지금까지 오면서 이렇게 이름 있는 큰 산을 넘는 건 처음이기에 긴장이 많이 되었다.

내장산 들어가는 길 곳곳엔 포도를 파는 곳이 즐비했다. 점심을 못 먹었기에 포도 한 송이를 얻고자 했더니 고맙게도 두 송이나 씻어서 봉지에 담아 주기까지! 슈퍼를 찾지 못해 아예 포도로 배를 채우려고 가다가 한번 더 얻었다. 그곳 할머니께선 "아들놈 같은디 우짤까?" 하시면서 무려 세 송이나 주셨다.

공터에 자리를 잡고 포도와 육포 등으로 배를 채웠지만 과일로만은 무리다. 점심을 먹지 못한 허전함이 가시질 않는다. 이렇게 활동량이 많으면 잘 먹어야 하는데 그리 잘 먹고 있지 못하고 있다. 잠시 눈을 붙이려고 하는데……. 된장! 모기들이 그새 모기퇴치기에 내성이 생겼나? 볼륨을 최대로 해 놓은 모기퇴치기에서 불과 30cm도 떨어지지 않은 나의 신체 일부분에서 포식을 하고 있는 자네는 어디 출신 모기인가? 모기 때문에 잠을 제대로 이루지도 못한 채 시간은 흘러간다.

벌써 3시다. 출발해야만 한다. 곧 내장산 올라가는 입구를 만났다. 이곳에는 식당이 많았다. 어떡할까? 결국 허기진 배를 움켜쥐고 식당으로. 불경기라 식당간의 손님유치 경쟁이 치열하다. 아아! 밥과 반찬이 눈을 어지럽게 한다. 정말 잘 나왔다. 밥은 말도 안했는데 두 공기나 갖다 주고 반찬도 정말 맛있었다. '전라도의 힘!'

이제 준비는 끝났다. 휴식도 취했고 밥도 먹었다. 내장산 정벌(征伐)만이 남아있다. 산을 오르기 시작했다. 구체적으로 말하면 산을 감아 올라간다. 근데... 어럽쇼? 기대보다 지나칠 정도로 싱겁게 게임이 끝났

다. 사진 찍을 때 순간 멈춘 것 외엔 단 한 번의 쉼 없이 올랐다. 사진기를 꺼내 들게 한 것은 한 마리의 비얌. 엄청 화려한 뱀! '호흡조절, 습습후후~' 정상만을 생각하며 달리느라 못 보고 지나칠, 아니 밟을 뻔했던 비얌. 아무튼 내장산 정벌. 단단히 각오하고

올랐는데 쉽게 오른 기쁨보다는 허망함 마저 든다. 내가 요령이 생긴 건지? 기대를 크게 한 건지? 원래 쉬운 건지? 잠시 뒤에 내리막이 나왔는데 굴곡이 엄청 심했다. 바짝 긴장하고 내려가는데 페달을 밟지 않고 그 굴곡에서 maxspeed가 71.5km/h!!! 직선이었으면 더 나왔을 것이다. 엄청난 기록이다. 이 기록은 여행이 끝날 때까지 깨지지 않았다.

산을 내려간 뒤 범상치 않은 나무 밑에 있는 범상치 않은 차림의 할아버지 옆에서 숙제를 마친 듯한 편안한 기분으로 쉬었다.
그런데 할아버지 曰
"자네 성이 뭐여?"
"예? 박씨입니다."
"예끼!! 자기 성씨 말할 땐 박 '가' 라고 하는 거야."

모기만 빼면 A급 숙소

"아.... 예 그렇군요."

듣고 보니 언젠가 배운 것도 같다. 최소 10년 전에. 오늘은 노숙(텐트)하기로 작정하고 장성을 지나쳤다. 이곳은 해가 지기 전에 갈 수 있는 유일한 마을이었다. 지도에서 눈여겨 보아둔 장소는 '옥점역' 부근. 가는 길에 터가 있으면 잡고 최악의 사태로 잠자리를 못 찾으면 옥점역에서 어떻게든 버텨볼 심산으로 가는데 해가 넘어가 어두워졌다. 후미등과 랜턴도 가방에 있는데 정말 바보같이 꺼내기 힘들게 넣어 놨다. 마음은 다급해지나 주위엔 논밭만 있을 뿐 딱히 눈에 띄는 곳은 없다. '아 이게 아닌데' 하다가 옥점역까지 가 버렸다. 그런데 으스스하다. 형체를 알아볼 수 없게 일그러진 차 한 대가 서 있고 풀만 무성하게 자라있다. 사람이 없는 것 같았다. 건물에 다가가니 갑자기 불이 켜진다. **깜짝 놀랐다!** 센서다. 아....진짜 사람 없는 역이다. 원래 사람이 없는 역. 사람 없는 역이라는 게 있다는 것 자체를 선혀 생각하지 못했다. 생각해 본 적도 없다.

그런데 때마침 다행히도 근처에 아주머니 한 분이 계시기에 이곳 마을에 텐트 칠만한 곳을 여쭤보니 마을에 있는 정자 같은 곳을 알려주셨다. **살았다!!** 맘에 쏙 드는 장소다. 거기다 그분 댁까지 따라가서 세수도 하고 마실 물과 밥할 물도 얻어왔다. 아주머니는 연신 "어떻게 혼자 다녀! 둘이라도 다녀야지!"라고 꾸짖듯 말씀하신다. 밥과 라면을 하고 있는데 마을청년 한 분이 옆에 와서 앉았다. 내가 신기했던 모양이다. 성격이 활달해 쉽게 대화를 주고받았다. 내가 한 밥과 라면을 같이 먹으려고 했는데 끝끝내 사양했다. 라면 먹는데 귀뚜라미가 빠져 있다. 먹어 말아? 건져내고 다시 먹는다. 마을의 규모는 13가구 정도. 작은 마을이다. 그 중에 청년은 아마 그 분 혼자 인 듯 하다. 비슷한 또래의 청년이 없으니 상당히 적적할 듯하다. 예전엔 서울에서 합기도 사범이었다는데 무슨 연유인지 이곳에서 농사를 짓고 있다.

이런저런 이야기 도중 내가 여행 후에 여행기를 쓸 거라니까

"그럼 나도 나오것네?"

"당연하죠!"

"우-와! 나 스타 되야불면 안되는디."

곧 있으니 '효리'가 온다. 효리는 여기 고양이다. 내가 참치를 좀 주려고 하니 입맛 나빠져 주면 안 된다고 했지만 이 고양이에게 있어서 참치는 일생에 한번 먹는 걸지도 모른다고 우기면서 좀 줬다. 고양이 사진도 찍었다.

"우-와! 우리 효리 인자 스타 되야부랐다."

효리 사진찍는 걸 보더니 잠시 집에 갔다 왔다. 함께 한 컷 찍자고 했더니 그라나도(그렇지 않아도) 면도를 하고 왔단다. 하하하.

옥점을 대표해서 자기가 찍는 거라나? 참 재밌는 분이다.

청년이 간 후 흐르는 적막.
혼자 타지에서 밤을 보내는데 외로움이 찾
아왔다.
'이제 며칠이나 됐다고 외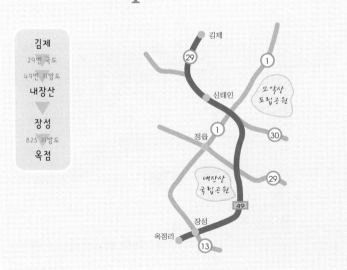
롭다고 그러냐!' 라고 생각해도
외롭고 적막하고 심심하다. 하지만
어쩔 수 없다. 지금 서울에서 모여
서 파티를 하고 있을 친구들 생각이
나서 더 그랬는지도 모르겠다.
[나 지금 장성]이라고 연락을 했더니
격려의 답문들이 온다. 메시지들을 보고 위안을 삼으며 이 밤을 보낸다.

Travel Map

김제
29번 국도
49번 지방도
내장산
▼
장성
825 지방도
옥점

김제
신태인
정읍
모악산
도립공원
내장산
국립공원
장성
옥점리

도로 위에서 죽은 동물들

여행을 하다가 정말 많은 동물을 보았다. 거의 모두 죽은 채로. 그것도 부패의 정도를 단계별로 관찰할 수 있다. 방금 죽은 것, 죽은 지 어느 정도 지난 것, 거의 썩어버린 것 등등.

뱀, 토끼, 개, 고양이, 족제비, 생선!(차에서 떨어진 것이겠지), 사마귀(특히 많이 봤다. 나도 본의 아니게 사마귀를 많이 밟았다), 황소개구리(진짜 크다!). 게다가 이런 것들을 먹고 있는 까마귀들 등등. 지날 때마다 한번씩 자세히 보게 되는데 정말 속이 미식거릴 정도로 처참하게 죽은 것들이 많다.

아직도 나에게 풀리지 않는 미스터리는 '깔려 죽지 않은 동물들은 뭔가?' 이다. 차에 치여서 죽었다면 이해가 되겠는데 그 중에는 외견상 아무런 상처 없이

죽어있는 동물들도 있었다. 엽기적이지만 가장 인상 깊었던 동물은 아주 평온한 얼굴로 죽어있던 고양이. 그러나 깔린 듯한 흔적은 없었고 대신 창자가 밖으로 고양이를 한바퀴 감쌀 정도로 나와 있었다. 동물들은 불과 몇십 미터를 건너기 위해 생명을 건다. 그 생명을 밟고도 아무렇지도 않은 사람들. 동물들에게 내려진 가장 큰 재앙은 아무래도 사람인 것 같다.

그런데 나도 도로위에서 갈팡질팡하는 동물들과 같은 기분을 느꼈던 적이 몇차례 있었다. 차가 많은 도로에서 신호등도 없이 도로를 건너야 할 때 특히 큰 트럭들! 옆에서 작아지는 자전거의 모습에서 공포에 떨며 이 도로를 건넜을 죽은 동물들이 생각난 적이 있다.

그리고 나 역시 나도 모르게 몇 마리의 사마귀를 밟았다. 그런데 이 녀석들도 정말 미련하다. 다가올 그 엄청난 재앙은 생각지 못하고 자신의 주위만 두리번거리니 말이다. 사람이라고 더 나은 것도 아니라는 생각도 든다. 차이점이라면, 사람은 다가올 위험에 대한 예측을 할 수 있으면서도 결국 도로변에 깔려죽은 동물들처럼 오늘, 내일의 걱정에만 급급하게 산다는 것.

벌써 목포?

　　이런! 이제 겨우 새벽 5:40. 하지만 밖에선 두런두런 소리가 들려온다. 마을 어르신들께서 벌써 일어나 일을 하고 있다. 더 자고 싶었지만 일어나야 했다. 어른들이 일하는데 마을의 방문객이 퍼질러 자면 쓸까? 일어나 큰 목소리로 인사했다.

　　"안녕하십니까? 여기서 하룻밤 신세졌습니다. 새벽부터 일하시네요. 정말 부지런 하십니다."

　　"농촌에선 이래야 돼. 근디 자네 성이 머여?"

　　"네.(자신 있게) 박 '가' 입니다."

　　그런데 왜 성부터 물어보는 걸까?

　　"일을 안 하면 밥이라도 해 먹일 터인데……."

　　"아, 아닙니다. 여기 밥 있어요."

　　말만으로도 감사하다. 어제 먹다 남은 밥과 참치를 먹고 텐트를 걷고 짐을 챙기니 6:30분.

　　더 못 자고 출발하게 된 것이 다행일지도 모른다고 생각하며, 출발. 오늘 목포까지 가야한다. 여기서 가까운 나주에 사는 친척 형을 보려고 했는데 내가 날짜계산을 하루 잘못하는 바람에 약속이 어긋났다.

　　아침에 들이 마시는 시골의 공기는 언제나 상쾌하다. 사람도 차도 거의 볼 수 없는 한적한 길을 달리고 있으면 정말 기분이 좋다. 이래서 자전거 여행이 좋다! (처음하는 주제에 -_-;) 할아버지와 택시기사 아저씨가 같은 길을 알려 주었다. 그러나 또다시 길을 헤맨다. 길을 물어보려는데 차들이 무시하고 지나친다. 결국 주유소에서 나주 시민에게 길을 안내 받았다. 내가 헷갈릴만 했다. 왜냐면 아까 알려 준 길이 지도상에 없는 길이었으니까.

작은 사고가 생겼다. 첫날 만 원주고 달은 받침대(스탠딩)가 부러졌다. 튼튼해 보이는 쇳덩어리가 부러지다니. 명색이 쇳덩어린데 짐무게를 이기지 못하고 엿가락 휘어지듯 휘어지다가 나무젓가락 부러지듯 부러져 버린 것이다. 만 3일밖에 가지 못했는데.

가다가 제육볶음을 먹었다. 가격 A, 겉보기도 A, 양 역시 A. 그러나 맛은 F. 전라도인데... 식당을 잘못 만났다. 여행객으로써 해선 안 될 짓이건만 몇 숟가락 먹고 그만둘 수밖에 없었다. 단지 맛만 없던 게 아니라 왠지 오래된 질 나쁜 돼지고기 같았다.

Travel Map

다시 달리고 또 달리고 오늘 언덕을 한 20여 개 넘은 것 같다. 남쪽으로 갈수록 언덕이 많아지는 느낌이다. 목포로 가는 1번 국도를 탔다. 첫날 탔던 1번 국도. 첫날의 상황이 재현되었다. 갓길은 없고 차는 많고. 정말 최악이다! 여전히 차는 나의 최대의 적이다!!!

한동안 나에게 작은 행복을 주었던 도로변 포도는 끝이 나고 무화과가 나온다. 서울에선 먹기 힘든 **무화과**. 이번에도 가면서 하나씩 얻어먹었다. ㅎㅎㅎ

1번 국도 너무 짜증나서 811 지방도로 빠졌다. 목포를 좀 돌아가는 길인데다가 언덕도 심하겠지만 갓길 없는 국도보단 낫다. 그러나 언덕이 장난이 아니다. 무릎상태가 점점 악화되고 있었으나 무리하게 계속 달렸다. 한번 탄력이 붙어 버리면 힘이 들어도 멈추기가 싫어지기 때문이다. 허술하게 먹은 결과로 배고프고 목도 마르다. 그런데 슈퍼가 없다. 한참을 가서야 슈퍼를 만났다. 빵과 우유를 길가에 주저앉아 먹는다. 옆에 귀여운 새끼강아지가 낑낑거리며 슈퍼 앞을 서성인다. 강아지 주인인 꼬마아이가 '담에 사줄게, 담에 사줄게' 하면서 강아지를 달랜다. 이곳 아이들 모습은 완연한 시골아이들이다. 완전히 새까맣게 탄 모습들에 왠지 정겨움이 느껴진다. 학원과 컴퓨터에 찌든 서울아이들의 모습에서는 느끼기 힘든 친근함과 정겨움. 비록 난 서울에서 태어나 자라긴 했지만 나의 유년시절은 구슬치기, 딱지치기, 동네야구와 축구, 뒷산에서 고구마, 밤 구워먹기, 잠자리 구워먹기, 가재잡기로 얼룩진(?) 삶이었다.

먹었으면 일어나야지. 쉬어가면서 달려야 하는데 곧 목포라는 생각에 생각 없이 달렸다. 이거 안 좋은 건데. 아무튼 그래서 일찍 도착했다. 산정초등학교로 사촌누나가 마중 나온다. 산정초등학교, 매우 크고 오래된 학교다. 고모부께서 일제시대 때 이 초등학교를 다녔고 아버지, 사촌누나도 이곳을 나왔으니 역사가 80년이 넘는다.

목포 고모 댁에 왔다. 마지막으로 온 게 10년이 넘는다. 너무 오랜만

이지만 변한 건 하나도 없다. 예전 그대로다.

　다만 이곳을 방문한 나만이 변했을 뿐.

　　저녁은 고모부께서 손수 잡아 온 돔 매운탕이다. 전라남도 게장 역시 밥도둑이다. 너무 호강하는 것 같다. 저녁 후 사촌누님과 **목포 드라이브~~~!!** 목포가 이렇게 멋진 도시였던가? 큰 도시란 생각에 무조건 거부감이 들었었는데 정말 아름다운 도시다. 야경과 밤바다, 너무너무 멋지다. 사진기를 놓고 온 엄청난 실수를 했지만 오늘은 그냥 느끼자. 지금까지 매 순간순간 느껴왔던 여행이 주는 행복감과는 또 다른 느낌의 행복감이 밀려온다. 영화 '클래식'을 찍은 해미여고. 전혀 몰랐다. 이 곳이었구나 목포. 그리고 영화 속 조승우와 손예진이 계단을 뛰어오르다 키스, 뿌리침, **"숨차단 말이야!"** 그 장면의 계단에 앉아 보았다. 음…. 느낌이 안난다. 제길!

　　　유달산. 참 잘 정돈된 산이다. 시민들의 휴식공간으로써 매우 잘 꾸며 놓았다. 운동과 휴식을 즐기러 나온 사람들이 많다. 목포의 야경. 멀리 보이는 밤바다를 보면서 계속 아쉬움이 남는 이유는 뭘까? 이 허전함은 뭘까?

　바다 바로 옆에서 바닷바람을 맞으며 헤밍웨이라는 카페에서 칵테일 한잔을 마셨다. 헝그리 했던 5일 후 이런 순간이란… 꿈꾸는 듯 하다. '자전거 여행 온 거 맞나?' 하는 생각도 들고. 피곤한 몸에 들어간 작은 칵테일 한 잔이 정신을 심히 어지럽혔지만 **기분이 너무너무너무 좋다!!!**

　　　차를 타고 바로 옆 선착장으로 이동. 사촌누나 설명대로 정말 신기하다. 아까완 몇 백 미터밖에 떨어지지 않은 것 같은데 바닷바람에 짠내가 확! 느껴진다. 같은 바다인데 이렇게 차이가 있는 이유는 뭘까? 벌써 12시가 넘었다. 몸은 쉬게 해 달라고 울부짖는다. 눈이 자꾸 감겨온다. 무릎도 아프다. 돌아오자마자 그대로 뻗었다.

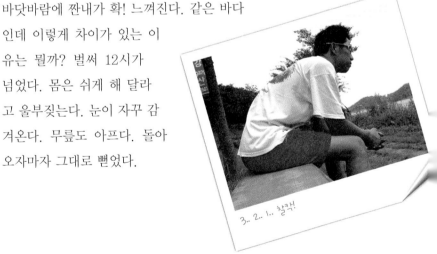

3.. 2.. 1.. 찰칵!

여행을 위한 정보 얻기

여행을 준비하면서 아쉬웠던 것은, 여행을 위해 참고할 만한 서적이 너무 부족했다는 것이다. 자전거에 관련된 전문서적을 찾기 힘들 정도로 부족할 뿐더러 자전거로 홀로 전국여행을 한 여행기록을 담은 책을 딱 한 권 찾았는데 내가 생각하는 여행과 거리가 좀 있었다. 결국 참고할 만한 여행기의 기근(饑饉)은 여행 후 이 책을 쓰게 된 한가지 동기가 되었다.

결국 몇 권의 책을 읽고 실제 여행에 필요한 지침들은 주로 인터넷을 통해 얻게 되었다.

주로 다른 사람들의 여행기를 읽음으로써 머릿속에서 여행의 구체적이고 세밀한 윤곽을 그려볼 수 있었다. 어떤 자전거를 선택해야 할 것인지?, 자전거가 고장 났을 경우는 어떻게 할 것인지?, 자전거를 장시간 탈 때 특히 주의해야 할 사항은?, 무엇을 준비할 것인지?, 체력관리는?, 여행 루트를 짜는 요령은? 등등 이러한 기본적인 정보를 얻었다.

하지만 그 많은 여행기 중에서도 혼자서 전국일주를 한 경험은 찾기 힘들었다. 대부분 둘, 셋 이상이 떠난 여행이었다. 한 명과 두 명의 차이는 두 명과 세 명의 차이, 세 명과 네 명의 차이와는 전혀 다른 것이다. 필요한 물품을 준비하는 과정부터 마음가짐까지 현격히 달라져야 하기 때문이다.

다른 사람의 여행을 참고함으로써 얻을 수 있는 최대의 유익은 아마도 '나도 할 수 있다' 라는 자신감을 얻는 것일 것이다. 따라서 드물게 찾았던 혼자만의 여행기는 무엇보다도 다른 여행기에서 받을 수 없는 '용기'를 주었다.

목포에서 첫 휴식

처음으로 맞는 휴식. 며칠이나 탔다고 벌써 어색함이 느껴지나? 오전에 특별히 한 일은 없다. 기분 좋게 잠을 즐기고 인터넷에 간략히 사진을 올리고 친구들에게 이메일을 보내고 친척 형 두 분이 와서 함께 밥을 먹었다. 너무 간단히 끝나버린 오전일과.

오후엔 무릎 물리치료를 위해 병원을 찾았다. 무릎이 많이 아프다. 사실 이틀째부터 아팠다.

언젠지는 모르겠지만 등산하다가 왼쪽 무릎을 다쳤던 적이 있어 무릎이 썩 시원치 않았는데 여행을 하며 악화된 것 같다. 떠나기 전 무릎을 주의하라는 충고를 많이 들어서 병원까지 찾게 되었다. 뼈가 상한 것 같지 않은데 x-ray를 찍으라 한다. 그리고 주사까지 맞았다. 약마저 지으려는데 약은 짓지 말아달라고 했다. 이곳이 그렇다는 것은 아니지만 일단 xray부터 찍고, 주사 놓고, 약 짓고 하는 병원들, 형식적이고 기계적인 것 같아서 거부감이 든다.

x-ray를 찍은 후 의사 선생님 曰
"20대에도 퇴행성 무릎 관절염이 올 수도 있습니다."
'헉!!!!'
순간 무슨 말을 해야할지 몰랐다. 의사 선생님이 잠시 뜸을 들인다.
"그래서 x-ray를 찍어 보자고 한겁니다. 다행히 이상 없군요. 근육이 놀라서 근육에 이어진 무릎인대가 아플 수 있습니다."

다행이다. 의사선생님, 의도한 것인지 아닌지, '반전'의 묘미를 잘 알고 계신다. 위층으로 올라가 물리치료를 받는데, 너무 뜨거운 걸 끝까지 꽉 참았더니 화상을 입었다. 의사가 어이없다는 듯이 '화상을 입을 정도로 뜨거운데 그걸 왜 참았나요?' 라고 한다. 물리치료는 뜨거워야 하는 것 아니었나? 아... 헷갈리네.

저녁에 짐을 싸고 자전거 바퀴를 빼고 사촌형 차에 실었다. 사촌형의 차는 누가 보기에도 폐차여서 더 멋진 나이스카. 벌써 12시가 넘어가고 있다. 새벽 3시 반에 일어나 낚시하러 가야한다. 오늘 하루 푹 쉰 것도 내일의 낚시 계획에 동참하기 위해서였다. 낚시 후에는 돌아오지 않고 해남으로 이동할 것이다. 바다낚시 정말 기대된다. 평소에 하기 힘든 경험이기 때문에 이 기회를 놓치고 싶지 않다.

자전거의 종류

자전거의 종류도 세분화하면 복잡하지만 잘 몰라도 된다. 우선 주로 아주머니들이 타고 다니는 바구니 달린 생활자전거, 그리고 사이클, 그리고 MTB가 있는데 여행에서 사용할 것은 거의 MTB가 될 것이다.

이 엠티비를 세 가지로 나누면

1. Rigid   앞뒤 쇼바가 없다.

2. Hard tail   앞에만 쇼바가 있다. 일반적으로 자전거 여행에 가장 무난한 자전거라는 평가를 받는다.

3. Soft tail & full suspension   앞뒤 다 쇼바가 있다.

종류는 정말 간단하다. 쇼바 없는 거, 앞에만 있는 거, 앞뒤 있는 거. 문제는 많은 사람들이 앞뒤 쇼바 있는 게 무조건 좋은 거라고 생각한다는 것이다. 쇼바의 기능은 충격완화. 그러나 대신 동력전달 효율이 떨어진다. 즉 내가 100만큼의 힘을 줘도 실제 전달되는 것은 더 적어진다는 것이다.

따라서 여행용으로는 고민하지 말고 Hard tail 형으로 고르기를. 충격완화가 전혀 없어도 안 좋기 때문에 그 중간형태인 Hard tail이 여행용으로는 딱이다.

Rigid   Hard tail   Soft tail & full suspension

오늘, 세월을 낚는다

　　새벽 3시경 기상. 3:30분 고모댁 도착. 이런 된장! 시간을 잘못 알았다. 한 시간 이상 일찍 왔다. 하지만 그 시간 동안 잠이 안 온다. 아버지께서 오셨다. 여행 전에 전혀 계획에 없었던 것인데 내가 목포에 도착하고 나서 가족이 해남으로 휴가를 오기로 결정했다. 내가 도착하는걸 알고 결정을 한 거다. 가족이 오니 든든하다.

방파제 도착. 물때를 맞춰서 오기 위해 새벽같이 준비했건만 늦은 감이 있다. 벌써 물이 빠지기 시작했으니…. 그런데 동생이 낚시를 던지자마자 불과 10초도 지나지 않아 낚싯대에 크게 반응이 왔다. 모래무지가 잡혔다. 모래무지가 아주 예쁘장하게 생겼다. 생선계의 '얼짱'이다. 모두가 '오늘 예감이 좋다'고 생각했다. 그러나 '첫 끗발이 개 끗발'이라는 옛 성인들의 말씀을 아시는지? 그 이후로 큰 수확은 없었다. 물이 빠지고 있으니 상황은 점점 나빠질 것 같았다. 사촌형은 입질은 오는데 계속 놓치고 있고, 나는 입질조차 오지 않는다.

그래서 사촌형과 자리를 바꿔봤다! 역시! 물고기들이 바로 들이댄다. 좀 작은 장어 한 마리를 낚았다. 첫 수확이다. 그러나!!! '첫 끗발이….' 더 이상 잡히지도 않고, 비도 조금씩 오고, 물도 다 빠져서 난 잠

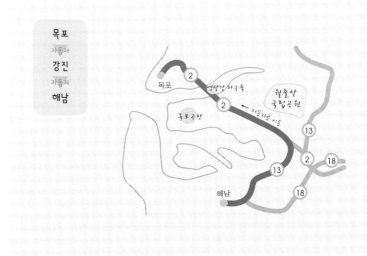

을 청했다. 한두 시간 눈을 붙이고 물이 들어오기 시작할 때 다시 시작. 이제 조금씩 잡힌다. 나는 큰 장어, 작은 농어, 문저리를 한 마리씩 잡았다. 동생은 그 사이에 베드락 두 마리, 작은 농어, 전어를 잡았다. 물이 많이 들어왔다. '이제부터다!!!!'

그런데 지렁이가 떨어졌다. 미끼없이 낚시를 계속하는 것은 문자 그대로 '세월을 낚고자' 하는 것. 그게 아니라면 불로소득을 노리는 마음밖에 안된다. 물고기님들에 대한 예의가 아닌 것이다. 아쉽지만 돌아가기로 했다. 고모부, 아버지, 동생은 목포로 돌아가고 사촌형과 나는 해남의 사촌형 집으로 갔다.

너무 피곤하다. 밤에 3시간 자고 낚시를 하다니. 이후 잠깐잠깐 잔 건 순간적 도움은 되도 피로를 푸는 데는 큰 도움이 안 되는 것 같다.

이곳에 와 때늦은 저녁을 먹는데, 게장이 또 날 유혹한다. 튕김 없이 바로 넘어가 줬다. 목포에서 먹었던 게장과는 또 맛이 다르다. 목포에서 먹은 건 게가 작고 고소했는데 이건 게가 큼직큼직하다. 또 알이 꽉 찼

다. 이 게들을 다 룸메이트가 잡아온 거라 했다. 정말 부럽다. 이런 시골에서의 삶. 게를 잡아서 게장을 해먹고, 낚시해서 매운탕 끓이고 바다낚시라면 회도 떠먹을 수 있지 않은가! 시골 특히 바닷가에서 살고 싶은 작은 소망이 있네.

사촌형의 룸메이트는 참 여러모로 배울 점이 많은 분이었다. 좋은 이야기도 많이 들었다. 여행 중 만나는 사람들로부터, 비록 그것이 짧은 만남이었다고 해도 나를 조금이라도 변화시킬 만큼 많은걸 배우게 한다.

극도로 피곤하다. 지금까지 나 스스로가 나를 계속 한계로 몰아가는 것 같다. 내일은 다시 하루 쉬어야지.

그리고 토요일에 **제주도로 가는 거다!**

단체샷!

자전거 타는 바른 자세

1. 허리와 등

자전거를 탈 때 허리와 등은 꼿꼿이 펴지 말고 자연스럽게 숙여주면 된다. 등의 아랫부분 즉 허리 부근이 자석으로 뒤에서 당긴 것처럼 자연스럽게 뒤로 빠지면 된다. 이때 등의 윗부분을 무리하게 동그랗게 말지 않도록 주의한다.

2. 손목

손목은 팔과 일직선이 되어야 한다. 그렇게 함으로 핸들에 수직으로 올라오는 충격을 손목이 부드럽게 흡수할 수 있다. 손목이 일직선이 되기 위해서는 브레이크의 위치를 조절하여 브레이크를 잡기 위해 손목을 구부리지 않도록 한다.

3. 팔꿈치

팔꿈치 처리를 제대로 못하면 인대에 엄청난 통증을 가져올 수 있다. 실제로 나는 이런 것들을 모르고 떠났기에 여행이 끝날 때까지 극심한 팔꿈치와 어깨와 목의 통증에 시달려야했다. 팔꿈치는 반드시 굽혀주어야 한다. 꼿꼿이 피면 안 된다. 만약 팔꿈치를 꼿꼿이 피면 지면에서 올라오는 그 모든 충격을 팔꿈치와 어깨와 목이 그대로 받게 된다.

4. 전체적인 무게중심 분배

흔히 안장 즉 엉덩이에 무게 100%를 싣고 자전거를 타는데 이 무게를 팔과 다리에 적절히 분산시켜주어야 한다. 오르막을 오를 때 일어서서 탄다면 자연스럽게 무게중심을 옮긴 것이라 볼 수 있다. 엉덩이 단련이 안 된 상태에서 자전거를 장시간 탄 후 몰려오는 그 쓰나미같은! 엉덩이 통증을 느껴보면 자연스럽게 무게를 분산하게 되지 않을까? 싶다. 하하핫

낙지 사냥꾼

해남

파김치가 된 몸으로도 아침 일찍 눈이 떠진다. 신기하다. 모두 자고 있는 7:30에 일어나 착한 일(?)을 했다. 어제 술 먹은 상을 치우고 밥을 하고 바닥을 청소하고 빨래걸이의 옷을 걷고 코펠을 설거지하고, 그런데 밥은 완전히 태워버렸다.

집에서 밥하면 할 수 있는데 나오니 밥도 못하겠다. 사촌형이 일어나 원래 이 밥솥은 자기 아니면 못하는 밥솥이라기에 위로가 된다.

오늘은 고모부댁으로 이동. 그렇게 멀진 않다. 차로 약 40분 거리. 사촌형은 이미 자전거를 차에 실어 놓은 상태고, 그냥 차 타고 가면 되는데 왜 굳이 자전거로 가려하는지 이해를 하지 못한다. 난 자전거여행 중이고 이틀이나 자전거를 타지 않았다. 거리에 상관없이 지금은 자전거를 타야겠다고 마음먹었다. 자전거 바퀴를 끼우고 길을 나섰다.

몸이 가볍다. 아침이라 힘이 솟는 것 같다. 이틀간 쉬었더니 무릎상태도 매우 좋아졌다. 비포장을 포함 35km를 달려 고모부댁에 도착하였다. 확실히 시골길이다. 이곳은 처음인데도 너무너무 좋다. 비포장으로 들어와야 할 만큼 깊숙이 위치한 이곳은 집 앞에 저수지가 있고 마당에는 멍멍이, 고양이, 산양, 염소, 닭, 토끼들이 활보하고 있다.

해남. 예전보다 개발이 되었지만 아직도 해남읍을 벗어나면 시골의 분위기가 만연하다. 이번 여행 동안 뱀을 참 많이 만났는데 태어나서 처음으로 동물원 아닌 곳에서 진짜 뱀을 본 것도, 잡아본 곳도 이곳이다. 초등학교 2학년 땐 친척 형, 동생과 함께 좁은 외길을 지나가는데 살모사 한 마리가 똬리를 틀고 혀를 날름거리고 있었다. 어렸을 때 뭣도 몰랐다. 살모사가 뭔지 몰랐기에 우리는 들고 있던 막대기로 뱀을 죽을 때까지 때렸다. 그리고 개울에 대충 헹궈서 막대기에 말아서 다녔는데 고모에게 엄청 혼나고 뱀을 버렸던 기억이 있는 곳. 이곳에서 나무 하다가 새끼 살모사를 생포해서 서울로 가져온 적도 있었다. 가져오다 찻속에서 뱀을 잃어버려 아찔했던 기억도….

해남, 난 이런 시골이 좋다. 시골일수록 좋다. 언젠가 아프리카도 지프차로 돌아볼 꿈도 가지고 있다. 진정한 'wildlife'가 있는 곳!

수채화 같은 이곳에 도착하니 남창장에서 사 온 전어회가 한창 시식당하는 중이었다. 이 글을 쓰고 있는 10월엔 전어요리가 매우 인기가 높다. '가을 전어는 깨가 서 말'이라는 말이 있다. 10월 전어가 가장 맛있는 시기이다. 일반 회는 생선을 그냥 썰어 먹지만 전어는 빨갛게 무와 버무려 먹어야 제격이다. 가격도 무지무지하게 싸다. 30마리에 3,000원 주고 샀다. 이걸로 6명은 대만족이다.

점심엔 육회도 먹었다. 정말 호강한다. 마음이 불편해질 정도의 이 편안함. 죄책감(?)마저 들려고 한다. 그러나 내일이면 떠날 테니 너무 죄책감은 갖지 말자. 피로가 몰려와 잠깐 눈을 붙이고 무작정 쉴 수만은 없어 새로운 경험을 찾아 나섰다. 바로 **낚지 낚시!**

먼저 낚싯밥으로 쓸 게를 잡아야 한다. 낙지 낚시하는데 게를 사용한다는 게 언뜻 이해가 되지 않는데 설명을 듣고도 아직도 의구심은 남아있다. '낚지가 진짜로 게를 먹나? 어떻게 먹지?'

오늘 기쁜 소식은 두 개의 약속이 생긴 것. 하나는 제주도에 아는

"형! 엉지 내려! 뭘 잘했다고 엄질 올려" / "암마! 그래도 사진인데"

여행하면서 반가운 사람과의 만남은
그 자체만으로 매우 큰 활력소가 된다.
그 기대감은 힘들고 지쳐서 떨구어진 고개를 바로 세워
내일을 바라보게 하고 그 만남이 이루어질 때
그간의 고생을 잊게 할 만큼 기분 좋은 것.

형이 온다는 것과 아는 분이 부산으로 이사 갔는데 2년 만에 전화통화를
해서 부산을 지나면 들르라고 하였다.

기대가 된다. 여행하면서 반가운 사람과의 만남은 그 자체만으
로 매우 큰 활력소가 된다. 그 기대감은 힘들고 지쳐서 떨구어진 고
개를 바로 세워 내일을 바라보게 하고 그 만남이 이루어질 때 그간의 고
생을 잊게 할 만큼 기분 좋은 것. 출발 전에 모든 걸 혼자 하리라고 생각
하고 떠났기에 이 만남들은 보너스와 같은 것이다.

어두워진 바닷가에 도착했는데 제길, 물때가 안 맞았다. 물때를 몰랐으니 어쩔 수 없지만 미리 알 수 있는 방법이 있었을 텐데. 하지만 기분은 좋다. 높이 뜬 달과 우두커니 서있는 가로등 외에는 아무도 없는 바닷가. 우선 게라도 잡자. 밤이라 좀 위험한 면이 있었다. 게는 잘 잡혔다. 그냥 얕은 물에서 지나가는 놈들 주우면 된다. 한 4~50마리쯤 잡고도 물이 안 빠져 일단 집으로 퇴각하기로 했다. 난 기어이 낙지 낚시를 해 보고 싶었기에 물이 빠질 타이밍인 새벽 4시에 다시 오기로 했다.

돌아와 쓰러지듯 잠든다. 오늘은 자전거도 안 타고 쉬는 것 같지만 거의 쉬는 게 아닌 듯 정신없다.

그러나 4시간 자고 일어날 수 있을까?

제기랄...!

남창장 기행

남창장은 완도 부근에 있는 지역으로 장 규모가 상당히 크다. 이 주위에 더 큰 장도 있지만 이곳 장이 가장 낫다고 한다. 싱싱한 생선이 있기 때문이다. 이곳의 매력은 뭐니뭐니해도 싱싱한 생선! 갓 잡아와 팔딱거리는 놈들이 여기저기 널려 있다. 이른 아침이라 날씨가 보통 쌀쌀한 것이 아닌데 좌판에 쭈그리고 앉아 계신 분들은 거의가 할머니와 아주머니들. 그들의 피부와 투박해진 손이 그들이 살아온 험난함을 이야기해 준다.

시장은 가격을 가지고 흥정하는 사람들로 시끌벅적하다. 처음으로 산 것은 '올게쌀' 나 같은 젊은 사람들 중에 올게쌀이 뭔지 아는 사람이 얼마나 될까? 나도 불과 얼마 전에 알게 되었는데 '찐쌀' 이라고도 부른다. 그냥 쌀을 입에 넣고 먹는데 맛이 고소하고 쫀득쫀득하다.

"올게(벼)쌀은 추수를 하기 전에 약간 덜 익은 벼를 베서 털어갖고 가마솥에 넣고 쪄야 한다. 가마솥에 물을 많이 부으면 뿔어서 터져 불고 적게 부으면 나락이 타뿔고 적당히 부어서 푹 쪄갖고 방아져서 묵는다." -허영만의 식객 제 1화-

기대만큼 감동적인 맛은 아니었지만 나름대로 맛있어 먹으면서 장을 구경했다.

다음으로 전어! 여기저기 전어구이 간판들을 구경할 수 있다. 최근에 들어서 예전보다 신문, TV에서도 전어구이를 많이 소개하고 그런 연유에 간판도 늘은 것 같다. 하지만 전어회는 쉽게 먹을 수 있는 음식이 아닌 듯하다. 장에는 많은 생선들이 있었는데 모르는 게 너무나 많다. 어류도감을 하나 사서 봐야겠다. 전어 외에 산낙지와 광어(?), 도다리(?), 메기를 샀다. 좌광우도인지 좌도우광인지 아직도 헷갈린다(눈이 왼쪽에 있으면 광어, 오른쪽에 있으면 도다리).

온갖 잡고기가 섞인 그물을 풀자 그 속에 광어 두 마리가 있었는데 그런 걸로 봐서 자연산이라 생각된다. 하지만 책을 보니 배에 검은 무늬가 있으면 양식이라고 하는데 배에 검은 무늬가 좀 있다. 헷갈린다. 그러면 할머니가 그물에 걸린 것처럼 위장하여 양식 두 마리를 넣었던 말인가? 그럴리는 없을 테고. 아니면 여기 가져오기 위해 그냥 담아오는 건가? 자연산은 어떻게 판별하는가? 초보에게 너무 어려운 주문이다. 특히 신기했던 건 상어를 파는 것이다. 산 놈들도 있었고 제법 큰 놈도 있었다. 상어를 판다는 게 정말 신기했다. 저 상어!!! 다음엔 꼭 먹어봐야지.

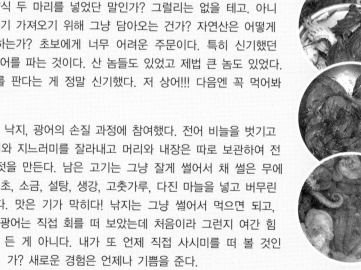

전어, 낙지, 광어의 손질 과정에 참여했다. 전어 비늘을 벗기고 꼬리와 지느러미를 잘라내고 머리와 내장은 따로 보관하여 전어젓을 만든다. 남은 고기는 그냥 잘게 썰어서 채 썬 무에 식초, 소금, 설탕, 생강, 고춧가루, 다진 마늘을 넣고 버무린다. 맛은 기가 막히다! 낙지는 그냥 썰어서 먹으면 되고, 광어는 직접 회를 떠 보았는데 처음이라 그런지 여간 힘든 게 아니다. 내가 또 언제 직접 사시미를 떠 볼 것인가? 새로운 경험은 언제나 기쁨을 준다.

8/28 땅끝, 조카들, 해진 뒤 광란의 질주

4시에 기상. 아직 잠이 덜 깬 상태로 현관문을 연다. 그런데 그때! 내 눈에 처음 들어온 것은 촘촘히 별들로 수 놓인 밤하늘이었다. 바로 앞에 위치했던 오리온자리가 눈에 확 들어왔다. 넓은 밤하늘에서 오리온을 올려다 본 그 순간 오리온이 나를 내려다보며 인사하는 것 같았다. 겨울이면 서울의 밤하늘에도 매일 보이는 오리온이지만, 왜일까, 오늘은 마치 **오랜 친구를 보는 듯**하다. 그리고 보니 지난 겨울엔 단 한번도 밤하늘을 쳐다볼 기회가 없었다. 이렇게 많은 별을 본 것이 언제였던가. 2년이 넘은 것 같다.

별자리도 많이 잊어버렸지만 그래도 큼직큼직한 것들은 알아볼 수 있겠다. 쌍둥이, 마차부, 카시오페이아, 세페우스, 페가수스 등등. 여행 중 별을 보고 싶은 생각에 작은 별자리판도 챙겨왔다. 많은 시골지역을 지나오며 별을 보지 못했던 건 구름 탓도 있지만 가로등 탓이 컸는데 이곳 고모부댁은 비포장도로로 들어가야 할 만큼 깊숙한 곳이었기에 광해(光害)가 전혀 없다.

아! 별들로 수놓인 밤하늘.

그 아래 서 있는 나.

별에 대한 열정이 너무 부족하다고 느끼지만 이렇게 보는 건 언제나 즐겁다. 신입생 시절엔 친구들과 무거운 텐트와 먹을 것 등 많은 짐과 20kg은 족히 되는 망원경까지 들쳐 메고 버스와 기차로 이곳저곳 다니

기도 했다. 그땐 힘든 줄 모르고 마냥 즐거웠는데, 이제는 그런 열정이 식어버렸다. '가슴의 별'이라는 작자 미상의 시 하나가 생각이 난다.

어둠이 짙어가도 밤하늘의 별을 볼 수 없는 것을

세상에 오염되어 별이 빛을 잃었기 때문이 아니라

세상의 많은 것들을 볼 수 있는 우리의 눈이

오염 되어버린 탓입니다.

별빛이 그 빛을 발하지 않기 때문에

그 이름을 잊어가는 것이 아니라

우리 가슴 속에서

별의 의미가 지워져가고 있기에

별의 이름을 잊어가고 있는 것입니다.

그대의 가슴에 별자리의 이름을 붙일 수 있는

반짝이는 마음을 가져야 합니다.

불과 몇 분 사이에 많은 생각들이 스쳐지나간다. 정말 이 시가 예전보다 더 가슴에 와 닿는 것 같다. 자자! 이제, 출발해야 한다. 어젠 바닷물로 가득 차 있던 곳이 벌판이 되었다. 뻘까지 도달하려면 조금 더 빠져야한다. 한 시간 정도 기다릴까 하다가 물이 좀더 빨리 빠진다는 지역으로 이동했다. 이곳은 해 볼만 하다. 먼저 게를 실로 묶고 뻘에 들어갔다. 하지만 멀리까지 펼쳐진 넓은 뻘로 나아가는 건 불가능하다. 한 발짝 내딛으면 발이 무릎 위까지 쑥 빠져 버린다. 그 다리를 빼는데 온 힘을 사용해도 힘들어 옆에서 도와줘야 할 지경이다. 그렇게 두 발짝 나갔을까? 움직이질 못하겠다. 옆에서 끌어줬다. 3m 앞으로 나아가기 힘들다. 그리고 그런 상황에서 두 다리가 빠져 버리면 정말 곤란해진다. 뻘이나 늪

에서 사람이 빠졌을 때 나오려고 움직이면 점점 들어가서 죽음에까지 이르는 사고에 대해 몸으로 이해가 가능해 졌다. 그렇게 나가려고 발버둥쳐봤지만 3m도 나가지 못한다니.

　'널'이란 게 필요한가 보다. 바닷가에서 일하는 사람들이 한쪽 무릎에 놓고 다른 쪽 발로 슥슥 밀며 나아가는 썰매 같은 거. 그런게 우리도 필요할 줄은 미쳐 생각못했다. 눈앞에 낙지가 있는, 아니 있을지도 모르는 뻘이 펼쳐져있는데! 이 상황을 뭐라 해야 하나? 그림의 떡? 결국 낙지 잡는 건 포기했다. 대신 뻘에 널려있는 100% 오리지널 머드팩을 가지고 장난쳤다. 준비와 경험 부족으로 철수. 싸내 대장부가 뽑은 칼로 두부도 못 썰어보고 돌아가는 기분이 썩 유쾌하지 않았다.

　무엇보다도 사촌형이 분명 전에 게를 미끼로 잡았다고 하는데 어제오늘 하는 걸 보니 완전 초짜다. 경험치 제로. 나 역시 경험치 제로. 무언

이제 제주도를 가야한다!
그런데… 그런데…
전화기 안테나를 통해서
마른하늘에 날벼락을 맞아버렸다.
오늘 오후 배가 없다고 한다.

가를 할 땐 좀 아는 사람을 동행하거나 최소한 공부도 해가고 해야 하는
데…….

집에 돌아와 짐정리를 했다. 이제 제주도를 가야한다! 그런데…
그런데… 전화기 안테나를 통해서 마른하늘에 **날벼락**을 맞아버렸다.
오늘 오후 배가 없다고 한다. 원래 아침 8시와 오후 3시경, 두 번 완도에
서 제주도로 가는 배가 있는데 오늘만 사정상 오후 배가 없단다. 배를
수리하여야 한단다. 하필이면! 거기다 내일은 태풍이 온다는 소식이다.

내일 못 가게 될 수도 있다. 유아용 모자를 쓴 것보다 더 큰 정신적인 압박감이 온다.

아, 맥 풀린다. 아직 정신수양 부족으로 짜증이 일었지만 그것은 상황을 더 나쁘게 만들 뿐 문제를 해결해 주지 못한다. 냉정해지자. 남은 시간을 보람있게 보내기 위한 방법을 생각해야 한다. 대안으로 오후에 땅끝을 돌기로 계획을 세웠다. 땅끝 가는 길과 완도 가는 길이 조금 차이가 있다. 그래서 완도로 바로 가면 땅끝엔 못 간다. 어렸을 때 이후로 땅끝에 가본 적이 없으니 전국여행으로써 한번 가볼 만 하다.

점심 먹기 전, 한 대의 차가 온다. 누굴까? 사촌형의 형수님과 조카들이다. **이야~! 기대하지 못했던 손님!** 너무너무 반갑다. 사실 이번에 내려오면서 찾아뵐 계획이었으나 정말 멋들어지게 일정이 어긋나는 바람에 못 봤는데 오셨네!

조카 지혜와 준영이 너무 반갑다. 둘 다 정말 예쁘게 많이 컸다. 애들을 처음으로 본 게 1999년 겨울이었으니 벌써 4년 반 전이다. 갑자기 오늘 못 가게 된 것이 다행으로까지 느껴진다. 더 이상 오늘 일정에 대한 불만이 있을 수 없다.

아이들이 날 기억한다. 어렸을 땐 원래 기억 잘 못하는데 기억을 해주니 고맙다. 아이들이 낯을 가리지 않고 다행히 날 잘 따라준다. 같이 놀았다. 자전거 뒤에 태우기도 하고, 직접 자전거를 타고 싶어 하기에 자전거 안장을 최대로 낮춰주었는데, 그래도 위태위태해서 옆에서 계속 같이 달렸다. 넘어질 때 잡아주려고, 헥헥헥. 하지만 마냥 즐겁다.

점심은 또한 어떠한가! 진수성찬이 아닌가! 삼겹살이 나왔다. 여행 후 처음 먹는 삼겹살. ㅎㅎㅎ 배가 행복해하는 소리가 들린다, 들려.

안 그래도 터질듯한 배를 부여잡고 숨을 고르고 있는데 마침 문자가

온다.

[형, 어디병원이야?]

부푼 배를 부여잡고 웃음을 참기 위해 가진 애를 써야했다. 오히려 고통스러웠다.

아이들과 계속 있고 싶지만 계획대로 땅끝을 돌고 와야 한다. 오후 3시가 넘었는데 햇빛이 너무 세다. 나 혼자 가겠다고 했지만 사촌형이 차로 중간중간 따라오는 것까지 말릴 수는 없었다. 나중에 엄청난 도움을 받게 됐지만. 쌩쌩한 몸으로 먼저 '신비의 바닷길'에 들렀다. 마침 바다가 열려있어 건너편 섬에 걸어가 봤다. 그곳에서 바지락 캐는 아지매들 정말 수고가 많다. 낙지 잡는 사람이 없나 두리번거려 보지만 아무도 없다.

땅끝까지 스트레이트로 달렸다. 막판에 꽤 경사가 심한 언덕을 넘었다. 하지만 며칠 쉬었는데 못 넘을까 보냐! 내리막길 경사가 심해 지난번 71.5km의 기록을 깨고 싶은 마음을 가졌었는데 큰일 날 뻔했다. 커브를 트는데 갑자기 땅이 푹 팬 곳이 있어서 피하다가 사고 날 뻔했다. '휴…그런 맘먹는 거 아니다!' 하고 스스로를 꾸짖으면서 땅끝 도착. 엄청난 돈을 들여 '땅끝타워'라는 건물을 지어놓았다. 15년쯤 전에 왔을 때와는 전체적인 모습에서부터 많은 차이가 보인다. 타워꼭대기에서 바라보는 전경! 탁 트인 바다와 멀리 보이는 섬들. 제주도도 보인다는데 분간은 못하겠다. 높은 곳에서 바라보니 배들이 장난감으로 보여 빨리 제주도에 가고 싶은 충동이 생긴다.

이제 여행의 첫 파트가 끝나간다. 제주도는 두 번째 파트다. 다시 새로운 마음으로, 새로운 각오로 시작해야지. 타워카페에서 바다를 보며 커피 한 잔을 마시고 싶었다.

그런데, 너무 늦게 출발한 탓에 벌써 해가 지려한다. 아쉽다. 빨리 떠나야만 할 것 같다. 해수욕도 하려 했었는데 시간적으로 어림없다. 왔던 길을 되돌아가면 가깝고 쉽다. 하지만 왔던 길을 다시 가는 건 정말 싫다. 좀 멀고 힘들더라도 내 발길이 닿지 않은 길을 가고 싶어서 77국도를 타고 땅끝을 쭉 돌아 위로 올라갔다. 해안도로에 언덕이 왜 이리 많은지, 정신없다. 넘고, 넘고 또 넘고. 하지만 해안도로라 바다를 보며 달리는 경치는 정말 좋았다.

드디어 남해안을 만났다. 달리며 인사 한다.

"자네 성이 뭐여?" / "예, 남(南)가입니다."

"이름은?" / "해안입니다."

쉴 시간은 없다. 그리고 빨리 가면 조카들이 아직 안 갔을 수도 있어서 더욱 빨리 달렸다. 그럼에도 가는 도중 해가 떨어졌다. 해는 지기 시작하면 순식간에 진다는 사실을 잊고 있었다. 해는 기다려 주지 않는다. 어김없이 제 시간이면 서쪽으로, 자신을 기다리는 사람들과의 약속을 지킨다. 후미등은 있으나 앞에 등이 없다. 정말 미친 듯이 달렸다. 금세 어두워지더니 완전히 캄캄한 어둠이 깔린

다. 시골길엔 가로등도 없기에 당황스러웠다. 전방 2m의 시야확보도 어렵다.

그런데 저 앞에 한 대의 차가 비상등 깜빡이를 켜고 서 있는 것이 아닌가. 사촌형은 땅끝에서 먼저 돌아갔는데 날이 어두워지자 날 기다렸다고 한다. 정말 다행이다. 사촌형의 큰 도움을 받았다. 앞이 보이지 않는 시골길. 사촌형이 뒤에서 차로 라이트를 비추어 주었다. 전처럼 자전거를 차에 실어서 갈 수도 있었겠지만 그러긴 싫었다.

땅끝에서부터 쉬지 않고 집까지 35~40km 달린 것 같다. 오늘 달린 거리는 60km. 어디서 그런 힘이 났는지. 뒤에서 비추는 차의 라이트 불빛에 벌레들이 꼬이는 게 흠이라면 흠일까? 달리는데 벌레들이 얼굴에 마구 부딪힌다. 입으로 숨을 몰아쉬니 입에 들어간다. 그대로 꼴깍. 퉤퉤 뱉어야하는데 단백질을 섭취했다는 생각이 앞서다니! What is I?

마지막 오프(off)로드! 이곳에선 다 왔다는 안도감에 차를 먼저 보내고 무모하게 앞도 안보이는 길을 신나게 달리다 땅이 푹 꺼져서 한번 날았다. 짐이 날아가고~ 나도 따라 날아가고~ 태어나서 처음으로 자전거로 공중제비 넘을 뻔했다. 다행히 별로 다친 것 같진 않다. 그런데 자전거 앞의 짐받이 지지대가 부러졌다. 이로써 첫날 달았던 받침대와 짐받이가 모두 사라졌다.

집에 도착! 무사히 도착하니 긴장됐던 순간들이 짜릿했던 경험으로 승화되려고 한다. 솔직히, 흔치 않은 경험을 한 것에 대한 만족감도 있지만 앞으로 두 번 다시 이런 무모한 짓은 삼가야겠다. 오늘 하루가 만족스러워진다. 흐지부지하지 않고 그래도 속된말로 '찍살나게' 고생도 좀 하고 만족스럽다.

내일은 제주도 가야지! 제발 태풍 오지 마라!

앞 바구니 파손으로 짐 정리가 잘 안된다. 좀 불안했지만 어차피 잘
안 썼던 헬멧이랑 몇 가지 안 쓰는 짐들. 전에 맛에 질려 버린 그 죽 등
을 뺐다. 나머진 두고 봐야지.

내일…. 내일이다.

Travel Map

도로에서의 안전

안전은 자전거여행에서 가장 중요한 것이다. '자전거여행은 위험하지 않을까' 라고 많이들 생각한다. 맞다. 실제로 매우 위험하다. 지금도 생각해보면 아찔한 순간들이 많았다. 하지만 많은 사람들이 한다. 즉 안전에 유의한다면 못할 이 유는 없다.

도로에서의 안전에 필수 장비는 백미러. 나의 개인적인 의견이다. 뒤차의 움직 임을 늘 파악하고 있으면 안심이 된다. 그리고 도로에서 소리를 듣는 것도 중 요하다. 소리로써 뒤에 차가 오는지 알 수 있다. 혼잡한 도로가 아닌, 한적한 시골길에서 음악을 들으며 달리는 것도 빼놓을 수 없는 묘미인데 음악을 들으 면 소리를 듣지 못 한다. 따라서 백미러가 있으면 도움이 많이 된다. 그리고 절대 다수의 사람들이 헬멧 쓰는 것을 권한다. 안 쓰던 사람이 쓰면 엄청 불편 하다. 그래서 나는 조금 쓰다가 포기해버렸다. 그러나 쓰는 것을 권하고 싶다.

국도에서는 적당히 오른쪽으로 붙어서 백미러로 뒤에 오는 차를 주의하면서 달리면 되고 지방도에서의 유의사항에 대해 꼭 알아야할 것이 있다. 일반적으 로는 도로에서 자신이 가고 있는 차선의 뒤에 오는 차를 주의하게 된다. 당연 하게도 차가 마주오지는 않을 것이기 때문이라고 생각하기 때문에. 하지만 마 주 온다. 지방도 같은 편도 1차선 도로에서는! 앞차를 추월하기 위해서 갑자기 차선을 바꿔 정면으로 돌진하는 차들이 있다. 정말, 정 말 위험하다!!! 마찬가지로 지방도에서 좌회전을 해서 왼쪽 차선을 건너간다고 생각했을 때, 앞에서 오 는 차만 생각해서는 안 된다. 뒤에서 추월하기위해 넘어오는 차 또한 주의해야한다! 정말 여러 번 아찔 한 순간을 겪으면서 깨달았다.

떠나려는 나막지마라

달마산 >>>>> 해남

오늘 날씨가 매우 맑다. 태풍이 온다는데 평소보다 더 맑다. 이 날씨라면 문제없을 것 같다. 태풍이 아직 오지 않았음이 분명하다. 오후 배를 타기 위해 1시에 출발했다. 좀 더 일찍 출발했어야 하지만 배를 놓칠 것 같진 않다. 아무튼 한 번도 쉬지 못하고 2시간 동안 36km를 달렸다. 평속이 낮은 것은 그 수많은 언덕 덕분이다.

이 남쪽 지형은 상당히 울퉁불퉁하다. 목포에 다가가면서부터 해남, 완도에 이르기까지 그 전에 비해 지면이 오르락내리락, 울퉁불퉁함을 몸

휴항이었다 ㅠ.ㅠ

으로 느끼고 있다. 3시에 도착. 딱 좋다!!! 완도를 지나는 것도 즐거움이었고 드디어 제주도를 간다는 생각에 한껏 부풀어 있었다.

하지만, 나의 그 부풀었던 기대감은 풍선에 바늘 꽂아 넣듯, 타이어가 압정을 밟듯 **'펑'** 하고 날아가 버렸다. 여객선 터미널에 도착했는데 왜 이리 썰렁할까? 표 끊는 곳에도 사람이 없다. 대신 '휴항'이라는 단어만이 눈에 들어온다. '에이 설마…' 아직 믿기지가 않아서 근처에 보이는 사람들을 붙잡고 물어보았는데 휴항이 확실하단다.

날씨가 이렇게 맑은데 휴항일 수 있단 말인가? 휴항인건 머리로 알았는데 아직 가슴은 분노로 바뀌기 전의 어리둥절한 상태다. 나의 판단으로는 아직 태풍이 안 왔다. 그래서 제주도에 도착한 선배에게 연락해서 물어보았는데 제주도도 날씨가 매우 맑다고 했다. 그렇다면 아직 태풍 '차바'가 제주도에도 오지 않은 것이다. **그런데 휴항이라니!!!**

갑자기 입에서 점잖지 못한 단어들이 튀어 나온다. 제어가 안된다. 정말 화가 머리끝까지 났다. 그곳 사무실에 들어가 물어보았다. 도대체 왜 휴항인지. 그 사람들에게 묻는 건 사실 의미가 없다. 이곳 선박들이 출항하고 휴항하는 것은 자신들의 결정이 아니라 위에서 금지하면 못가는 거니까. 언제 다시 출항할지도 모른다고 했다. 잠시 희망을 준 것은 여직원이 내일 오후엔 확실히 출항한다고 말한 것. 아무튼 허·탈·감에 그냥 주저앉아 버렸다.

이때 느낀 좌절감을 글로 표현할 수 있을까? 그만큼 기대가 컸다. 준비도 끝났고, 쉴만큼 쉬었다. 오늘 아침 배까지는 떴다고 한다. 하필이면, 내가 떠나려고 할 때란 말인가. 거기다가 '돌다리도 두드려 보고 건너'야 했는데 평소보다 맑은 날씨 때문에 단 1%도 휴항의 가능성을 생각하지 않고 전화로 확인하지 않은 내 스스로가 한심하게 느껴졌다. 여행 출발 날에도 똑같을 일을 당했었다. 18일에 떠나려고 모든 걸 준비했었는데, 17일 저녁에 18일에 태풍 '메기'가 와 하루를 기다리

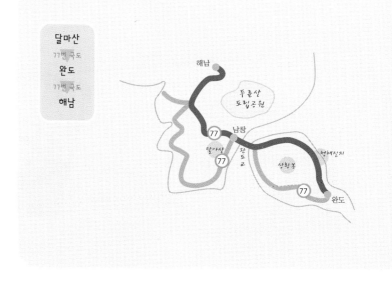

Travel Map

고, 또 하루를 더 기다리게 되었었는데 이번에도!!

분노로 달아올랐던 감정은 지쳐버렸다. 지쳐버린 나는 대합실 의자에 들어누워 잠을 청했다. 주위의 시선은 신경쓰지 않은 지 좀됐다. 내일 배가 뜨기만 한다면… 하루만 참자라고 스스로를 달랬다.

결국 사촌형의 아파트로 돌아왔다. 돌아오는 길에 삼겹살, 소주를 사 와 기분전환을 하려고 했지만, 아직까지 아무것도 먹지 못해 갑자기 허기가 밀려왔다. 우선 라면부터 끓였다. 그런데 라면을 많이 먹어서 고기를 못 먹었다. 미련하게시리. 에라이! 고기고 소주고 나발이고 다 귀찮다!

일기예보를 주의 깊게 보았는데 한 3일은 가기 그른 것 같다. 허나 결국 허구로 판명된 아까 그 여직원이 심어준 지푸라기 같은 희망은… 아니라고 예상하면서도 그 희망을 버리긴 싫었다. 2004 아테네 올림픽의 마지막 경기, 이봉주 선수의 마라톤 경기를 보았다. 2시간이 넘는, 마냥 달리기만 하는 경기를 보면서 TV를 끄지 못한 이유는 언젠가 갑자기 이봉주 선수가 선두로 치고 달려 나가지 않을까하는 기대감 때문이었다.

내일 배가 안 뜰 것임을 알면서도 기대를 버리지 못하는 것과 이미 이봉주 선수가 선두로 나갈 수 없음을 알면서도 희망을 버리지 못했던 것도 마찬가지 감정이었던 것 같다.

이렇게 오늘은 끝이다.
허나 내일은?

여행목표를 세워라

나는 여행을 떠나기 전 조금은 특이한(?) 목표들을 세웠다. 100% 실천하지 못하였지만 이런저런 다양한 목표들을 세우는 것을 추천한다. 다음은 내가 세웠던 목표들이다.

1. 2,000km 달리기

2. 민가에서 쌀이나 반찬이나 등 구걸(?)해 보기

3. 제주도에서 꼭 해수욕하기

4. 백록담까지 오르기

5. 모든 교통수단에 자전거를 실어보기

6. 시골장 가기

7. 새벽에 항구에 가서 갓 잡아온 회 먹기

8. 목장에서 하루 일하기

9. 고기잡이배에서 하루 일하기

10. 다양한 종류의 숙소를 체험해보기

무기력해진 나

배가 뜰지 안 뜰지 아직 정해지지 않았다기에 안절부절 집에서 기다렸다. 오후 3시 배는 12시 넘어서 확실한 답을 준다고 해서 아침에 마냥 집에 있었다. 날씨는 맑은데 바람은 좀 세게 분다. 그래도 일말의 희망을 갖고서 12시에 바로 전화를 했는데 안 뜬단다. 사실 예상했기에 담담히 받아들였다.

어제 늦게 잔 것도 있고 피곤하고 무기력해져 낮잠을 늘어지게 잤다. 그리고 저녁에 만화책이라도 보려고 빌리러갔다. 그리고 무려 32권의 만화책을 빌렸다. 저녁 먹고 8시부터 만화책을 보기 시작했다.

정말 폐인이 되어버렸다.

아! 아무것도 하기 싫다.

그렇게 꼼짝않고 한자리에서 8시간 동안 32권의 만화책을 보았다. 다 보고나니 새벽 4시.

잠들기 전에 일기예보, 기상특보를 확인했다. 굳이 여객터미널에 전화할 것이 없다. 기상특보로 알 수 있다. 새벽 4시에 확인 했을 때 남해서부 풍랑주의보 해지가 안됐다. 8시 배는 못 뜰 거라고 예상하고 잠을 잤다.

드디어, 꿈에 그리던 제주도 입도^{入島}

아침 7:30분. 세 시간 정도밖에 안 잤는데 왜 눈이 떠졌을까. 일어나자마자 혹시나 하는 마음에 일기예보부터 확인했다. 이런 새벽 4시에 확인하고 잤는데 새벽 5시에 풍랑주의보가 해지되었다. 즉 8시 배가 뜬다는 이야기이다. 지금이 7:30분인데 8시 전에 도착한다는 건 **확률 '0%.'**

정말 기가 막히게 되는 일이 없다. 오후 배는 100% 뜰 것이다. 불과 반나절이지만 새벽 4시에 전화했을 때 해지가 되지 않은 것이 5시에 해지되어서 배가 간다니! 계획대로 안 되고 질질 끄는 것을 싫어하는 나는 상황이 이렇게 돌아가니 독이 오르는 건 둘째 치고, 자꾸 풀어지고 의욕을 잃어가는 나를 보는 게 싫었다. 나의 의지와 계획에 반(反)하여 일이 자꾸 꼬이고 나는 속수무책으로 기다려야만 하는 상황이 너무나 싫었다.

어쩌면 여행이라는 이름 아래 거꾸로 마음의 여유를 잃어가는 듯한 모습이다.

짐을 모두 싸놓고 출발만을 남겨놓고 기다렸다. 100% 뜬다고 확신은 했지만 그래도 한 번 데인 경험이 있기에 전화로 확인을 했다. 간다! 하지만 또 뒤통수를 후려갈기는 것이 있었으니⋯, **표가 매진되었다!**

여러 차례 물어보았고 그곳 직원들이 표 절대 매진 안 되니까 예매하지 않아도 된다고 그랬었다. 아무리 배가 며칠 간 운행을 못한 뒤에 간다고 해도 매진은 안 된다고 하였다. 그런데 표가 매진됐다. 인내심의 고갈인가? **사람 정말 돌아버리겠다!!!**

토요일 오후 배가 안 가는 것부터 지금까지 일련의 과정들을 겪어 보면 알 것이다. 왜 마음을 느긋하게 가지지 못하냐고? 쉴 곳도 있는데, 친척집에서 느긋하게 기다렸다 가면 되는데 왜 펄펄 뛰느냐고? 이곳이 편하기 때문이다. 이미 있을 만큼 있었다. 더 이상의 안락함이 싫다. 내 여행의 목적과 의미가 사라져가는 것 같아서 그렇다. 나는 방구석에서 뒹굴기나하려고 떠난게 아니다. 표가 매진된 이유는 학생 400명이 놀러 가기 때문이라고 한다. 그렇기 때문에 누군가가 예약을 취소해서 표가 생기는 일도 없을 것임을 알았다.

　어떡하지? 어떡하지? 내일 아침 배를 타야하나? 단 반나절이라도 빨리 떠날 수만 있다면! 그렇다! 목포에도 제주도 가는 배가 있다. 바로 목포에 전화를 해보았다. 목포까지 여기서 더 멀고, 배로 제주도까

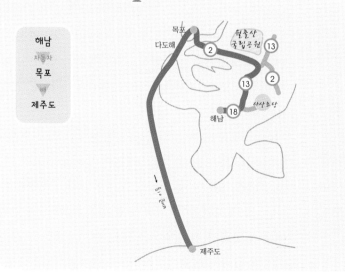

지 가는 시간도 들고 뱃삯도 더 비싸지만 조금만이라도 빨리 갈 수만 있다면.

다행히 오후 배가 있다. 매진 안 되는지, 예매 안 해도 되는지 거푸 확인을 했다. 절대 매진 안 되니까 예매 절대 할 필요 없다고 목에 힘줘가며 말한다. 그러나 나는 확신을 못 하겠다. 사촌형의 도움을 받아서 차로 목포까지 이동했다. 너무 많은 도움을 받고 있다.

목포에 도착하니 결과는? 3등실 매진이다. 또 당했다. 이제는 혈압 올리기도 싫다. 이곳 역시 학생단체가 점령했다. 불행 중 다행히 2등실 표는 있었다. 그나마 다행이라고 생각해야지.

2등실 보다 3등실이 낫다는 생각을 한다. 이런 배 처음 타봤다. 2등실은 대부분 가족, 그룹단위로 차지하고 자리가 꽉 찼으니 딴 데 가보라는 식이다. 그래서 나 같은 소수의 사람들은 한두 개 정도의 방에 미어터지게 있다. 사람들이 고스톱을 친다. 시끄러워 죽겠다. 일기를 쓰려는데 집중도 안된다. 3등실은 워낙 넓어 아까 같은 그룹들이 온전히 점령할 수 없다 하지만 오늘은 학생집단이 단체로 점령했기에 혼자 들어갈 수도 없다. 아예 방에서 나와 버렸다. 그리고 갑판에서 바다를 보면서 일기를 쓴다. 바닷바람을 느끼면서. 지금 흐르는 음악은 최성원의 '제주도의 푸른 밤'. 제주도 여행을 위해 선택한 곡이다. 감상에 젖어 가사의 내용을 음미하고 있다.

잠을 자고 싶지만 방에는 들어가기도 싫고 들어가기도 힘들고, 설사 들어가도 잠을 잘 환경이 아니다. 그러나 나에겐 돗자리가 있다. 크하하핫 휴게실 바닥에 돗자리를 깔고 눕는다. 얼굴 가죽이 여행 출발할 때보다는 꽤 두꺼워졌다. 그렇게 한참을 자고 다시 갑판으로 나왔다. 배 위에서 보내는 시간이 5시간이나 되니 사람들이 왔다갔다한다. 중학생들이 갑판을 점령하고 시끄럽게 떠들어대고 있으나 신경 쓰지 않으려 노력

남은 여행,
어떻게 하면 '느끼는' 여행을 할 수 있을까?
관광이 아닌 진짜 여행을!
이번 여행을 통해 그걸 느껴보리라.

하며 또다시 일기를 쓴다.

그리고 저무는 석양을 바라본다. 해를 바라보아도 눈이 부시지 않는
다. 태양은 그의 남은 힘을 이 넓디넓은 바다를 빨갛게 물들이는데 써버
렸기에 어느새 내가 바라보는 것을 허락할 정도로 온화해졌나보다. 앞으
로의 여행에 대해 생각해본다. 남은 여행, 어떻게 하면 '느끼는' 여행을
할 수 있을까? 관광이 아닌 진짜 여행을! 이번 여행을 통해 그걸
느껴보리라.

아~배가고프다. 아침 겸 점심을 먹은 지 7시간이 지났는데 멀미에 대한 두려움에 아무것도 먹지 않았다. 소설 동의보감에서 허준이 스승 유의태를 해부하고 나서 한 말이 있다.

'사람의 위에는 항상 일정량의 음식물이 차 있다'고.

예전에 나는 배 멀미로 그 남은 모든 것까지 게워내는 듯한 경험을 한 적이 있기에 멀미에 대한 두려움이 컸다. 다행히 지금은 괜찮다. 내려서 밥 먹어야지.

이미 밤이 되었다. 저 멀리 불빛이 보인다! 제주도의 배들도 보인다!

"제주도다!!!"

가슴에 다시 여행에 대한 기대감과 열망이 차오르고 있다. 충전되고 있다. 늘어졌던 모든 것에 긴장을 불어넣는 순간이다. 이번 여행의 최고 하이라이트, 제주도에서 열정을 불태워보자!

갑판엔 사람이 날아갈 듯한 세찬 바람이 분다. 뜨거워진 나의 심장을 식히려고 부는 것이리라. 내릴 때가 되었다. 배 안에는 자전거 두 대가 더 세워져 있다. 내릴 때 서로 인사를 했다.

"자전거 여행 중이신가 봐요." / "아, 예."

"어디서 오셨어요?" / "서울이요."

"여기까지 자전거 타고 오신 거예요?" / "예."

"와 대단하시네요......" / "....하하 아니에요."

"오늘 어떻게 하실 계획이세요?" / "대충 텐트 치고 잘려구요."

"저녁은요? 같이 먹을까요?" / "좋죠."

굿! 같이 저녁 먹고 텐트 치면 되겠다. 그런데 아무것도 모르는 제주 시내에서 텐트 칠 장소를 찾을 수 있을까? 시내인데.

그들 역시 제주도는 처음이다. 그들은 지금까지 주로 텐트를 치고 잤다고 한다. 낚시터 같은 곳에서 밥도 주로 지어먹고. 훌륭하다. 확실히 두 명이니까 짐이 약 반으로 준다. 두세 명이 여행하는 것도 정말 괜찮은 것 같다.

한 명은 100만 원정도의 고급 자전거를 타고 있었고 한 명은 10만 원정도의 저가형 자전거를 타고 있었다. 같이 여행하는데 극과 극이다. 물어보니 싼 자전거는 여러번 고장을 일으켰다. 새로 사가지고 온 건데 1주일간 체인도 자주 빠지고 펑크도 몇 번 나고, 페달은 바스러져 테이프로 겨우 감아 타고 있었다.

자전거포를 찾아서 페달을 갈았다. 자전거포 아저씨는 술에 취한 상태였다.

"아저씨 페달 갈러 왔어요." / "딸꾹. 뭐? 페달?"

"네 페달이요." / "저기 있으니까 너희가 직접 갈어."

"-_-;"

자전거 초짜들만 있는데 페달 가는 방법을 알 턱이 있나. 아저씨가 시범으로 하나 갈고 하나는 직접 갈기로 했다. 아저씨가 페달을 갈다가 말고 불쑥 한마디 한다.

"근데 페달을 왜 갈아? 무조건 깡으로 타야지!"

"그...그런가요? -_-;"

페달을 갈고 텐트 칠 장소를 찾으려 했으나 시내 한복판에서 장소를 찾는다는 게 힘들었다. 여행을 다채롭게 하기 위해 종류별 숙소를 고루 체험하려고 계획했던 나는 첫 제주도의 밤은 민박을 선택했다. 17,000원에 3명이 자기로 했다. 싼 편이었다. 짐 풀고 샤워하고 빨래도 하고, 자전거 여행 친구들과 이야기를 하고….

내일부터 진짜 제주도 여행 시작이다! 기대감에 잠 못 들지 않기를. 그렇게 제주 상륙 첫날밤은 조용히 흘러간다.

어떤 자전거를 선택할 것인가?

"자전거여행을 한번 해보고 싶다!"라는 생각이 드는 순간 가장 먼저 하게 되는 고민 중 하나는 '어떤 자전거를 선택할 것인가?' 이다.

바꿔 말하면, "싼 일반 자전거로도 여행이 가능할까?" 혹은 "어느 정도로 비싼 자전거를 사야할까?", "너무 비싼 거 샀다가 여행한 번 하고 못쓰게 되는 것은 아닐까?" 등등

이 질문들에 정답은 없다고 생각한다. 우선 자전거의 종류로 분류를 하자면 유사 MTB나 진짜 MTB가 될 것이다. 유사 MTB는 10만 원 안팎의 일반적으로 보이는 자전거들. 이 자전거로도 충분히 가능하다.

일반인의 눈으로 본 전문가의 자전거에 대하여

자전거라고는 10만 원정도의 자전거 외에는 알지 못하는 나 같은 일반 사람들이 MTB를 하는 사람들이 200만 원정도의 자전거를 탄다는 이야기를 들으면 이해를 하기 힘들다.

물론 나 역시 그렇다. 자전거가 도대체 어떻게, 뭐가 다르기에 그런 것일까?

자전거 전문 월간지도 사서 읽어보고, 인터넷 동호회에서도 이런저런 글들을

읽어보는데 워낙 전문 용어가 많고 내용도 생소해서 대부분 이해할 수 없었다. 그리고 타보기 전까지는 뭐가 어떻게 다를지 가늠할 수 없었다. 하지만 많은 글을 읽으며 조사해서 내린 결론은 확실히 튼튼하다는 것. 따라서 장기간 여행을 위해서는 일반 자전거 이상의 튼튼함이 필요하기에 가장 싸면서도 여행을 위한 튼튼함을 만족시켜줄 입문용 MTB가 적합하다는 것.

물론 장담하건데 더 싼 자전거로도 여행이 충분히 가능은 하다고 생각한다. 하지만 결국 내가 내린 결론은 입문용 MTB였고 대만족이다.

타보고 느낀 것은 확실히 다르다는 것. 물론 오랫동안 타면서 한계를 느꼈지만 여행에는 부족함이 없다고 생각한다. MTB는 거친 산에서 타는 것이지만 여행 때는 주로 포장도로를 타기 때문에 고가의 MTB가 필요하지 않은 것이다.

처음에는 입문용도 비싸다고 생각했지만 한 달간 자전거를 타면서 70~100만 원정도의 자전거를 사고 싶다고 생각하게 되었다. 그 가치를 인식하게 된 것이다.

그리고 한 가지 더. 내가 우려 아닌 우려를 했던 것은, '자전거로 전국을 돌면 자전거가 거의 폐자전거 수준이 되지 않을까?' 하는 걱정. 따라서 '쓰고 버려도 괜찮은 저가형을 해야 할지?' 하는 궁금증이 들지 모른다. 하지만 튼튼한 것은 한 달 이상 여행해도 손만 잘 봐주면 문제없다.

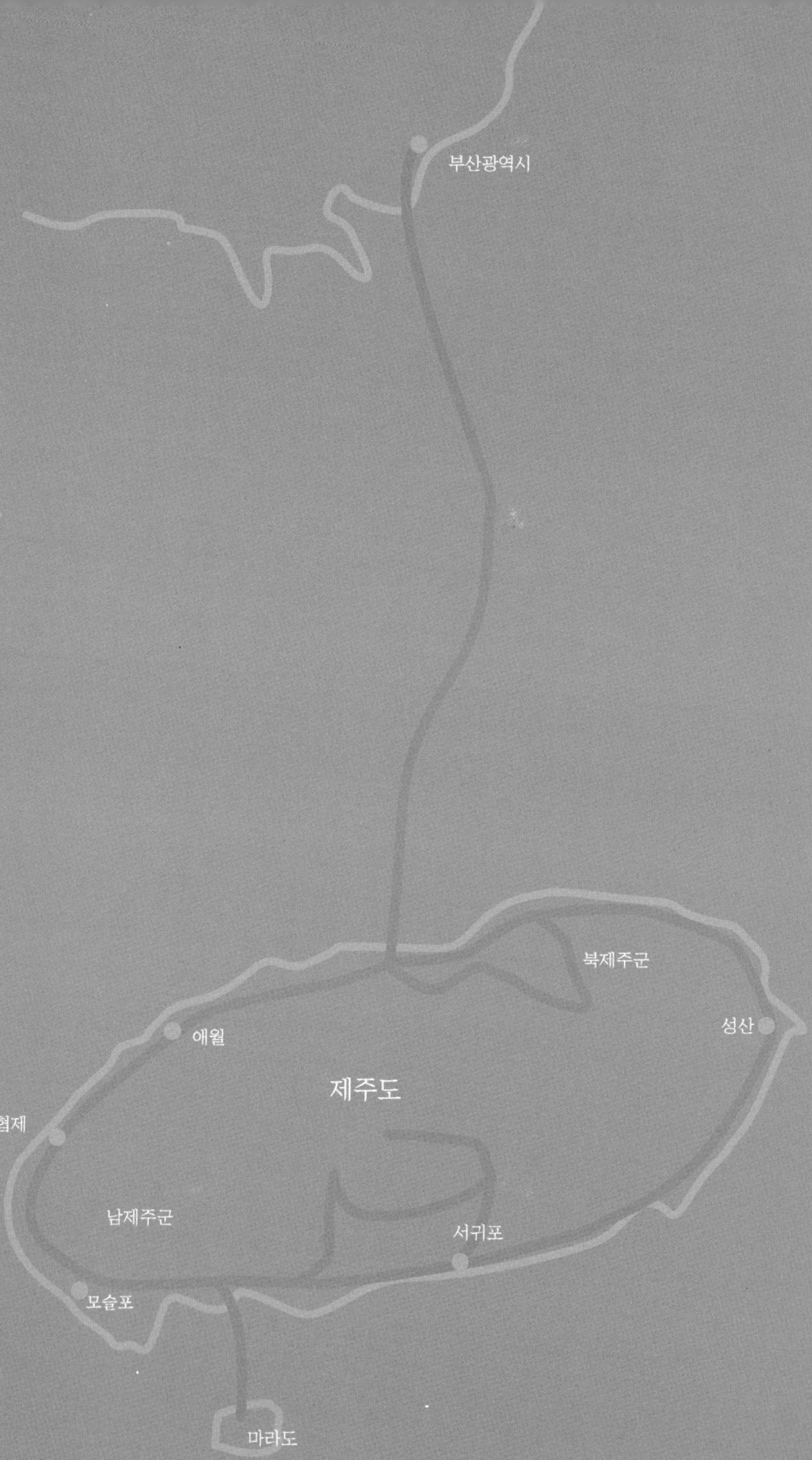

부산광역시

북제주군

애월

성산

제주도

협제

남제주군

서귀포

모슬포

마라도

Part 2

꿈에 그리던 제주도를 달리다

제주도에서 첫날 있었던 일들

9월이다. 감격이다. 9월이라니….

새삼스럽게 지금까지 왔던 길이 생각난다. 그리고 9월 1일부터 새로운 기분과 각오로 제주도 여행에 임한다. 마음을 차분히 가라앉히려 잠시 눈을 감으니 새삼스레 언제 처음으로 자전거여행을 꿈꾸게 되었는지가 생생한 영상처럼 흘러갔다.

2001년 4월. 하와이 오아후 섬에 홀로 도착한 내 모습이 보인다. 영어도 못하고 그렇다고 배짱도 없어 쩔쩔 매는 모습에 웃음이 나온다. 그때 차를 타고 섬을 한바퀴 돌면서 터질 것만 같았던 나의 가슴. 그러나 동시에 안타까움이 너무나도 컸다. '자동차로 둘러보는 것으로는 이곳을 느낄 수 없다.' 그때 나는 차에 실려서 수동적으로 움직이는 나의 모습이 아닌, 다른 모습을 상상하고 있었다. 배낭을 메고, 자전거에는 텐트와 침낭을 단단히 묶고, 자전거에 올라 하와이를 달리는 모습. 이곳의 바람을 온몸으로 느끼며 달리는 모습이었다. 양 옆에서 나를 부르던 바다. 어느새 나는 자전거를 세우고 바다에 뛰어들고 있었다.

난 그때 처음으로 자전거로 제주도를 돌아볼 마음을 가졌다. 하와이의

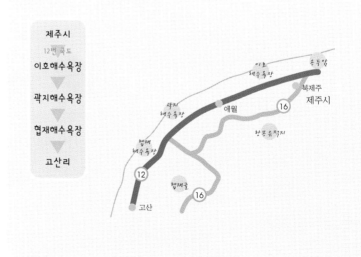

하늘과 바람과 바다는 내 마음 속에 씨앗을 심어 주었던 것이다. 3년 후 열매 맺을 씨앗을. 그러나 나는 그 후 한동안 잊고 살아왔다.

2002년 7월. 일본 니가타 현. 높은 언덕에 올라 저 멀리 바라본다. 반짝이는 보석 같은 바다. 그 가운데 길게 누운 섬이 보인다.

"あ あっちに大きな島が見えるね。なんていう島?"

(어, 저기 큰 섬이 보이네. 저 섬 이름이 뭐지?)

"あ? 'さど' と いうんだ。すごく きれいな 島なんだよ。あ した 行こうか? 行きたかったら 行けるよ 案内するよ"

(아… 사도 섬이야. 엄청 아름다운 섬인데, 내일 갈까? 가고 싶으면

갈 수 있어. 내가 안내해 줄께.)

친구가 정말 아름다운 섬이라면서 원한다면 내일 가자고 한다. 섬을 구경시켜 주겠다며. 1년 전 하와이에 뿌리고 온 씨앗은 드디어 나를 불렀다. 순간 하와이에서 다짐했던 일이 떠올랐다. 전혀 생각지 못한 이곳, 일본 땅에서.

"まあね あとで行くよ。 あとで 自電車で 行きたい"

(아니 다음에 갈께. 다음에 자전거로 갈래.)

아름답다고 소문난 섬이라고 하는데 하와이에서처럼 수동적으로 수박 겉만 핥게 될까봐 가지 않겠다고 했다. 나중에 자전거로 섬을 돌 것을

다짐하며. 훗날 이번 자전거여행에 대해 이야기해 주었을 때 그 친구는 대화 내용을 기억하고 있었다. 지난번 사도섬 자전거로 간다고 말했던 것을.

　　그리고 2004년 여름. 사실 처음엔 제주도를 일주일간 자전거로 도는 것이 꿈이었는데 그 꿈은 자전거로 제주도까지 갔다가 배를 타고 인천으로 오는 2주간의 계획으로 바뀌었다. 그리고 결국 한 달 동안 전국을 도는 것으로 확정됐다. 하와이에서 심었던 씨앗의 열매를 이곳, 제주도에서 거두게 될 것이다. 이번 여행을 시작하게 된 계기이며 가장 핵심이 제주도 여행이라는 뜻이다. 제주도에 와 본 적이 없어 그만큼 기대가 크다. 이제 이 제주도 여행이 시작되는 것이다.

어제 만난 친구들이 싸온 찬밥에 라면을 끓여먹고 출발. 찬밥 싸가지고 다니는 것도 대단하지만 더 놀란 것은 사탕수수를 가지고 다닌다는 것이다! 난 충격을 받고야 말았다. 이런 그레이트한 친구들을 봤나. 나도 사탕수수를 씹었다. 와~ 정말 신기한거 가지고 다닌다. 덕분에 입이

즐거웠다.

이제 다시 각자의 갈 길로 가야한다. 그들은 한라산에 오늘 올라 갔다가 내일 배를 타고 부산으로 가면 여정이 끝난다. 그곳에서 차를 타고 서울로 올라가기로 되어있다고 했다. '프로코렉스'의 김홍각 부장님과 통화를 했다. 제주도에 도착하면 김 부장님께서 소개해 주는 곳에서 자전거를 점검받기로 했다. 찾아간 곳은 송문준 사장님이 계신 '삼천리 자전거 제주첼로'. 도착했을 때 사장님은 한창 전화통화 중이었다.

"@$%@%#$ 마씨. (&(&(^&^% 마씨. $##$!#$ 마씨."

앞의 단어들은 안 들리고 뒤의 '마씨. 마씨'만 들리는데 무슨 랩인줄 알았다. 제주도 Native speaker이신 사장님으로부터 지도에 표시해가며 어디가 좋은지 자세한 설명도 듣고 지난번 땅끝을 돌고 달밤에 광란의 질주 뒤 부러진 앞 짐받이

짐이 이렇게 변했다!!

대신 뒤에 바이크 박스를 달고, 부러진 스탠드 다시 달고 바엔드(핸들 가장자리에 수직으로 다는 또 다른 손잡이)도 달았다. 기름칠도 하고 브레이크 및 기타 문제는 없는지 점검도 받고.

사장님 너무 친절하시다. 오!

드디어 출발! 시작부터 제주시내에서 약간 헤맸다. 원체 지도를 잘 안 보고 무작정 간 후 그 길이 아니면 다시 돌아오는 스타일이서 누굴 탓할 수 없다. 그런데, 아뿔싸! 아까 사장님이 표시해 준 지도를 그새 잊어버렸다. 엥? 이런 어이없는. 바이크 박스에서 빠져서 날아갔다. 그냥 새롭게 시작해야겠다. 해안도로를 타고 달리는데 비가 야금야금 온다. 큰 기대를 하고 온 제주도에서의 첫날. 생각 외로 확 타오르는 기분이 나지 않는다. 날씨가 흐려서 그런 건가. 아직은 조금 덤덤하다.

이호-곽지 해수욕장을 지난다. 곽지 해수욕장에는 잠깐 멈춰 거닐었다. 낚시하는 부부와 할머니 한 분 그리고 나뿐이다. 낚시하는 부부 곁에 가서 무엇을 잡았는지 들여다보았다. 새색시처럼 수줍은 듯한 얼짱 모래무지들. 참 예쁘다. 할머니는 혼자서 무언가를 줍고 계신다. '전각'이라고 한다. 먹을 수 있는 건가 보다.

조금 있으니 한 무리의 젊은이들이 우르르 몰려와 사진 찍기에 여념이 없다. 나도 모르게 부러운 눈길로 바라보다 고개를 설레설레 흔든다. 가자. 바로 출발. 도중 바다를 보며 점심을 먹고 싶은 생각에 정말 으리으리한 카페… 옆 벤치에서 빵과 참외로 점심을 해결했다.

다시 출발하여 도착한 곳은 협재 해수욕장. 이곳에는 물에서 노는 사람들이 있다. 갑자기 심장이 쿵!쾅!거린다. 아직까지 덤덤했던 기분도 흔들린다. 흐린 날씨에 늦은 오후였으나, 뛰는 가슴을 멈출 방법은 오직 하나! 바로 옷을 훌훌 벗어 던진다. 내 짐에는 없는 게 없다. 물안경을 챙긴다. 그때 내 자전거 옆에 두 대의 자전거가 선다. 지나가면서

'수고하세요' 하며 인사를 주고받은 사람들이다. 그들도 옷을 벗는다. 그들은 트라이애슬론을 하는 사람이라고 한다. 자전거 렌트해서 제주도만 짧게 돈다고 한다. 그런데 그때 자전거 3대 옆에 비싼 오픈카가 선다.

"와우, 비싸 보인다."

"오픈카? 쳇. 우리의 오픈 마인드! 그리고 오픈 몸뚱이가 더 멋져!"

'오픈 몸뚱이!' 명언이다. 그러면 그 오픈 몸뚱이를 바다에 적시러 가볼까?

모래가 정말 곱다. 그리고 물도 정말 깨끗하다. 동해안처럼 급격히 낮아지지 않는 매우 완만한 경사다. 물에서 혼자 놀기! 주위엔 함께 온 여러 젊은 남녀들이 즐겁게 놀고 있다. 주위에 그런 사람들 밖에 없는데 그 사이에서 혼자 노는 것이 좀 많이 괴롭긴 하다.

그들에게 '혼자 놀기의 진수'를 보여줘야겠다. 그들이 볼 리 없지

난 그때 처음으로
자전거로 제주도를 돌아볼 마음을 가졌다.
하와이의 하늘과 바람과 바다는
내 마음 속에 씨앗을 심어 주었던 것이다.
3년 후 열매 맺을 씨앗을.
그러나 나는 그 후 한동안 잊고 살아왔다.

만. 하하핫! 물안경 끼고 '물고기 없나?' 하고 둥실둥실 떠다니기! 조개
가 있으면 조개 잡아 구워 먹을 텐데.

내가 곧잘 하는 짓이다. 하지만 조개는 없다. 예전에 스킨스쿠버 강습
을 받으러 동해에 간적이 있다. 그때 바다 속을 이리저리 떠다니며 조개
를 많이 주웠다. 심지어 강사님이 내 머리를 잡고 물에 집어넣어 물빼기
훈련을 시킬 때도 잽싸게 조개를 주웠다. 그 조개를 캠프파이어 할 때
구워먹었던 기억이 있다. 어찌 잊으리요? 그때의 기분을 언제 다시 맛볼
수 있으려나? 이곳엔 조개는 없지만 물고기가 보인다. 그러다가 멋진 걸

봤다. 해초인줄 알았는데 작은 치어들의 무리가 완벽히 일사분란하게 움직이는 것. 어떻게 해초가 떠다니는 것처럼 그 형태를 유지하며 움직이는지, 동시에 방향을 바꾸는지 신기하기만 하다.

늦은 오후다. 여기서 늦게까지 놀고 텐트 칠까 망설였지만 너무 조금 왔기에 더 가야겠다. 속에 팬티를 입었기에 샤워하고 갈아입어야 한다. 허나 샤워장은 문이 잠겨 있다. 코펠의 위력을 보여줄 시간이 되었다. 기대하시라!

코펠과 갈아입을 옷, 세제 등을 챙겨 화장실로 간다. 거기서 코펠에 물을 담아 끼얹으며 샤워를, 그리고 코펠에 젖은 옷을 넣고 빨래를. 이 얼마나 완벽한 그림인가. 호스를 가지고 다니며 수도꼭지에 호스를 연결해 샤워하는 사람 이야기는 읽은 적이 있는데 수도꼭지하고 호스의 사이즈가 안 맞을 확률이 높기에 나는 코펠을 활용한다.

다시 출발. 해가 뉘엿뉘엿 저물어간다. 해안도로를 탔다. 바닷바람에 실려 오는 햇살을 받으며 음악을 듣는다. 그리고 달린다. 정말 기분 좋다. 오전의 덤덤했던 기분에 시동이 걸린다. 기분이라는 것도 **워밍업**이 필요한 것인가?

오늘은 제주 하늘 아래서 잠을 자야겠다. 고산이라는 지역에 도착했다. 오늘 기념이다! 그곳 슈퍼에서 삼겹살과 김치, 라면을 샀다. 이제 자리만 잡으면 된다. 넓고 평평한 곳을 찾아라. 바로 초등학교가 눈에 들어온다. 딱이다.

먼저 구조탐색, 당직 선생님이나 수위아저씨가 있는지 탐색. 있으면 먼저 양해를 구하기 위해서이다. 그리고 자주 느끼는 거지만 초등학교들의 시설이 정말 좋다.

자리를 잡았다. 그런데 모기들이 장난이 아니다. 이미 날은 어두워졌기 때문에 그 약해빠진 플래시로 비추어 가면서 밥을 한다. 이런 또 태워먹었다. 삼겹살을 구워 밥과 김치와 함께.

더 살 걸....아....더 살 걸!!

후회(後悔)하고 있다. 뉘우치고 있다. 참회(懺悔)하고 있다!

     달 밝은 밤에 초등학교 운동장을 이리저리 거닌다. 아까는 아무도 없었는데 이 밤중에 자꾸 사람들이 들어온다. 어두워서 서로의 얼굴이 보이지 않는다. 왠지 찝찝하다. 이 사람들은 뭔가? 서로 누군지를 확인하려하다가 내가 상대방을 경계하듯 상대방에도 나를 경계하며 멀어져간다. 다시 사람들이 나가고 혼자 남았다. 이때 날 지배하는 건 두 가지 감정. 두려움과 외로움이다. 그 순간을 이기지 못하고 문자를 구걸한다. 답문으로 외로움을 달래 보려하지만 쉽지 않다.

     자려고 텐트에 누웠다. 모기장엔 모기가 잔뜩 달라붙어있다. 모기장을 사이에 두고 모기떼거리가 나만을 바라보며 입맛을 다시고 있다. 그놈들의 유일한 희망은 나다. 나의 유일한 희망은 모기장이다. 이건 **공포 그 자체**다. 외계생명체가 에워싸고 서서히 문을 부수면서 조여 오는 영화의 장면들이 떠오른다. 눈을 감는다. 보기 싫다. 저 모기놈들!

     얼마나 시간이 흘렀지? 살짝 잠이 들었을까? 순간 너무 놀라서 깼다. 자전거 바퀴를 들고 공회전을 시키면 '뜨르르르륵' 하는 소리가 난다. 바로 그 소리가 들렸기 때문이다. 순간 머릿속에는 텐트 앞에서 누군가가 내 자전거 바퀴를 돌리고 있는 끔찍한 장면이 스쳐간다. 소름이 쫙 돋는다. 설마….

     숨을 죽이고 계속 들으니, 이런 벌레소리다. 와!!! 신경 예민해 진다. 근데 정말 똑같다. 그 벌레소리.

     자야지, 자야지! 그런데 조금 있으니 주위에서 자꾸만 부스럭거리는 소리가 들린다. 도대체 무슨 소린지 플래시를 켜고 텐트 밖을 비춰본다.

처음엔 제주도를
일주일간 자전거로 도는 것이 꿈이었는데
그 꿈은 자전거로 제주도까지 갔다가
배를 타고 인천으로 오는 2주간의 계획으로 바뀌었다.
그리고 결국 한 달 동안 전국을 도는 것으로 확정됐다.
하와이에서 심었던 씨앗의 열매를
이곳, 제주도에서 거두게 될 것이다.
이번 여행을 시작하게 된 계기이며
가장 핵심이 제주도 여행이라는 뜻이다.
제주도에 와 본 적이 없어 그만큼 기대가 크다.
이제 본 이 제주도 여행이 시작되는 것이다.

이런, 대여섯 마리 고양이들이 텐트 주위를 둘러싸고 있다. 아까 구워먹은 삼겹살 냄새를 맡고 동네방네에서 친구의 친척까지 몰려왔다. 혹시나 하는 마음에 삼겹살 구운 코펠 뚜껑을 자전거 위에 올려놨는데 그 위로 올라가려고 점프하고 난리다. 이대로는 밤새 시끄러울 것 같아서 아예 점프도 할 수 없는 위치로 놔두고 내일 아침에 먹을 찬밥 반을 먼 곳에 다가 떼어주었다. 조용해진다. 아침에 확인해 보니 흔적도 없이 먹었다. 거의 잠들었는데 전화가 와서 깼다. 정신을 반만 깨워서 전화 통화 하는 데 쓰고 간신히 다시 잠들 무렵.

……

"뚜벅…, 뚜벅…, 뚜벅…."

어라? 구두소리다. 누군가가 다가온다. 이 외진 곳에? 이 밤중에? 아 미치겠네. 누굴까? 오늘밤 왜 이러나? 왜 이렇게 잠자기가 힘든 것이냐!

발소리가 멈춘다. 텐트 앞에서 사람이 멈춘다. 나는 가만히 있는다. 플래시로 텐트 안을 비추어 본다. 모기들이 나를 조여 오더니 이번엔 긴장감이 나를 더욱 조여 온다. 다행히 밖의 관찰자는 나를 위험인물이 아니라고 판단, 발자국 소리가 멀어져 간다. 그러나 그러다가 다시 가까워진다. 돌아오고 있다. 이번엔 텐트 주위를 천천히 둘러본다. 텐트 밖에는 자전거, 지도, 코펠 등이 널려있다.

'그냥가라. 그냥가라. **그냥가라.**'

다행이다. 다시 발소리가 멀어져 간다. 그래도 쉽게 잠을 이루지 못하겠다. 오늘밤 신경이 날카로워질 대로 날카로워졌다. 잡다한 생각들이 떠오른다. 쓸데없는 상상들을 하나씩 지우면서 중얼거린다.

'야! 이 정도 환경에서도 못 자는 거냐? 그래서 어떻게 여행할래?'

긴 긴 밤이다.

제주도의 생각하는 사람

자전거여행 시 거리 산출법

여행루트를 짤 때 이 위치에서 저 위치까지 어느 정도의 거리가 될지 어떻게 가늠할 수 있을까? 우선 지도를 보고 루트를 결정할 것이다. 국도의 경우에는 지도에 구간 거리가 쓰여 있어 그걸 계산하면 된다. 그런데 지방도의 경우는 거리가 잘 안나와 있다. 따라서 지방도를 탈 경우는 대충 그 생김새나 구불구불한 정도를 보아가며 짐작하며 가는 수밖에 없다. 대충 국도보다 더 간다고 생각하면 된다. 그래도 감이 잘 안 온다 싶으면 실을 이용할 수 있다. 실을 가지고 가고자 하는 도로의 구간에 맞추어보고 그 길이를 자로 재서 축적과 함께 간단한 수학적 계산을 해주면 될 것이다.

그러나 내가 해주고 싶은 말은 거리가 얼마인지 세세하게 알고 가려면 피곤하다는 것. 따라서 어느 정도 가늠은 하되 컴퓨터 프로그램처럼 움직이려 하지 말고, 무엇이 나올까? 얼마나 갈까? 하는 호기심을 가지고 여행을 다니는 것이 좋을 것 같다.
나의 경우는 그 정도가 많이 지나쳤지만….

요즈음에는 PDA를 쓰는 사람이 많아졌다. 나는 생각도 못한 방법이지만 PDA를 사용하는 사람은 거의 Navigation을 사용할 수 있기에 거리뿐 아니라 길 잃고 헤맬 걱정도 안 해도 될 것이다. 만약 PDA를 사용한다면 굳이 거리계산을 할 필요는 없으나 지도보고 고민하고 헤매보는 그 재미(?)도 돌이켜보면 쏠쏠하다.

아! 마라도, 마라도

고산 >>>>> 중문

아침 일찍 일어나야 했다. 학생들이 오기 전에 나가야했고 아침 9시 전에 모슬포 항까지 가야했다. 모슬포 항에서 배를 타고 오늘은 마라도로 들어간다. 재빨리 라면을 끓여 찬밥과 먹고 그리고 흔적 없이 청소를 하는데 선생님이 오셨다. 이곳에서의 하룻밤에 대한 양해와 인사를 드렸다. 혹시 어제 발자국 소리의 주인공은 아닐까? 물어보지는 않았다.

오늘 하루 시작이다. 아침에 해안도로를 달리는 기분이 정말 상쾌하기 그지없다. 날씨도 맑다. 아, 가뿐하다. 나에게 시적인, 문학적인 자질이 있었다면 얼마나 좋았을까. 매번 지금 이 순간 느끼는 감정, 나의 조잡한 언어로 빚어지기 이전의 이 감정을 시원하게 표현할 길이 없다.

여행 출발 전 친구와 프로코렉스 면목점의 김 대리님으로부터 '마라도' 적극 추천을 받았다. 한반도 최남단의 섬. 정말 기대된다. 제주도가 이번 여행의 꽃이라면, 제주 여행의 꽃은 마라도와 한라산이다. '우도'도 포함시키고 싶었으나, 아쉽게도 태풍으로 들어가지 못했다. 마라도로 가는 배는 모슬포와 송악산 두 군데에 있다. 모슬포는 작은 배로 들어가고 시간 간격도 띄엄띄엄하다. 반면 송악은 여객선이고 시간 간격도 1시간이다. 그런데 모슬포를 택한 이유는 작은 배를 타고 싶었고, 마라도에 오래 있고 싶었기 때문이다(물론 송악산에서 가도 오래있을 수 있다. 그러나 보통 오래있지 않는다).

모슬포에 도착하여 파출소에 잡다한 짐을 맡기고 배를 타러 가는데 많은 분들이 땀 흘려 일하고 있었다. 젓갈 담는 분들, 생선 선별과 포장 작업. 나는 그분들에게 '수고하십니다'라는 말 한 마디 건넬 자격조차 없다. 매일 이런 일을 하는 거겠지. 어줍잖게나마 장화에 앞치마 두르고 물을 묻혀 가며 일해 본 경험이 있기에 조금이나마 그 어려움을 헤아릴 수 있을 것 같다. 아니, 이렇게 말하는 것조차 주제넘은 것이 될 것 같다. 옆에서 이것저것 물어보고 사진도 찍고 싶었지만 폐가 되기에 삼갔다.

배를 탔다. 작은 배. 배 멀미에 대한 두려움은 아직도 남아있다. 승객은 10명. 젊은 여성 3, 낚시꾼 2, 혼자 여행하는 아저씨 1, 가족여행객 3, 나. 도합 10명. 바닷바람이 시원하다. 자신의 존재를 알리는 파도의 물방울 입자들. 그래. 너희는 정말 시원한 존재다. 마라도.

내리는 순간부터 물빛이 정말 평범하지 않다. 제주도의 바다와는 또 다른 자신만의 빛깔을 지니고 있다.

'쿵!……쿵!……쿵!……쿵!…쿵!..쿵! 쿵! 쿵!'

심장 박동수가 증가한다. 나에게 주어진 시간은 4시간. 이 작은 섬에서 4시간은 많다고 대부분 말한다. 하지만 나에겐 이 4시간도 부족하다. 바다에 발도 담가보고 천천히 거닐었다. 사방이 탁 트였다. 모진 바닷바람에 키가 큰 나무가 아예 없다.

우선 밥을 먹어야겠다. 이창명의 '자장면 시키신 분'으로 유명해진 마

라도 자장면 집. 이런 곳에 자장면 집이 유명하다는 게 사실 좀 황당하다. 황당하다가 또 어이없다. 허나 그 유명하다는 자장면 외에 특별한 대안은 보이지 않는다.

관광객의 눈에 잘 띄지 않는 자장면 집에 높다랗게 걸린 현수막이 인상적이다.

[자장면 집이 두 집 있습니다. 여기가 진짜 원조]

자장면을 시켰다. 많이 달라고 미리 부탁했는데 딱 한주먹감이 나온다. 심한 거 아냐. 이거? "20대에게 그 정도 주는 건 너무한 거 아닙니까?"라고 강하게 어필했더니 처음보다 더 많이 줬다. 큭큭큭. 이 정도면 배가 부르겠군. 음……음…… 맛은 B+이다.

다시 걷는다. 섬이라서 절벽이 많다. 그 끝에 서서 바다를 내려다보면 아찔하다. 그 물빛에 '뛰어들고 싶다'라는 충동이 인다. 그만큼 물빛이 매혹(魅惑)적이다.

초콜릿 캐슬. 이곳에서 선물을 샀다. 무지하게 비싸다. 사는 김에 충동적으로 팍 사고 싶었는데 카드가 안 된단다. 어찌 보면 다행일지도 모르겠다. 현금이 별로 없었기에 조금밖에 살 수 없었다. 제주도에도 초콜릿 캐슬이 있었는데 그곳이 공장이고 여긴 팔기만 한다. 실수로 그곳을 지나쳤다. 가볼걸, 후회된다. 자동차였다면 쉽게 다시 갔다오면 되겠지만 자전거로 그만큼 되돌아간다는 건… ㅎㅎㅎㅎ.

이곳 아저씨와 꽤 오래 이

야길 나누었다. 이곳에 오는 대부분의 관광객은 송악에서 유람선을 타고 와서 총 체류시간 1:20분. 즉 1시간 동안 이곳을 허겁지겁 돌아보고 간다. 그렇기에 한바퀴를 도는 길에서 불과 20m 떨어진 이 초콜릿 캐슬에 와보지 않는다고 한다. 그래서 정말 그림같이 아름다운 원래 장소에서 길 바로 옆에 임시로 가건물을 지어 그곳에서 팔고 계신다. 싸구려 관광.......나는 그러지 않기를….

　　이곳에서 참 오래 있었다. 다음에 오면 아저씨께 별자리를 알려드리기로 했다. 이곳에서 별을 본다면 정말, 가슴 벅차오르겠지? 지금까지 느껴보지 못한 감동이겠지? 밤이 되지 않았지만, 눈을 감지도 안았지만 나의 눈에는 한없이 펼쳐진 별이 보인다. 왜 이때 문득 그 내용이 떠올랐는지 모르겠지만 예전에 천문학 수업시간에 교수님께서 알려주신 시

대한민국 최남단비

내용이 떠올랐다. 류시화 시인이 지은 시인데 별을 보고 '누군가 아픔을 걸었던 못구멍의 흔적'이라고 생각했다는 내용의 시였다. 정말 멋진 표현이었기에 다른 수업내용은 기억이 나지 않아도 이 내용은 기억이 났다.

　　최남단 비에서 사진을 하나 찍었다. 그때 한 아저씨가 바다로 내려가기에 호기심에 따라가 보았다. 낚시를 하는데 새우를 한주먹 뿌리니

뜨겁게 달구어져 강렬히 요동치는 감정은
결국 마음 한구석에 낙인을 새겨놓았다.
다시 이곳에 오기 전까지 사라지지 않을 흔적을.
다음에 반드시 다시 오리라.
다음엔 마라도에서 하룻밤 자고 갈 것이다.
다음엔 친구들과 와서 꼭 해야 할 일이 있다.
마라분교 아이들과 미니축구 한 게임,
밤에 별보기,
그리고 그 별빛 덮고 잠들기.
저 바다 속 깊은 곳의 물고기들과 하이파이브 한번하기.
상상만으로 가슴이 설렌다.

깊고 투명한 바다 속에서 형형색색의 물고기들이 떠오른다. 순간 숨이 탁 멎었다. 아찔하다. 화려함으로 치장한 이 세상의 어떠한 수식어구도 모두 할 말을 잃고 숨을 죽였다. 결국 가장 간단한 단어만이 머릿속에 떠오른다. '아름답다.'

정말 아쉽다. 너무 아쉽다. 들어가고 싶다. 들어가고 싶다.

뜨겁게 달구어져 강렬히 요동치는 감정은 결국 마음 한구석에 낙인을 새겨놓았다. 다시 이곳에 오기 전까지 사라지지 않을 흔적을. 다음에 반드시 다시 오리라. 다음엔 마라도에서 하룻밤 자고 갈 것이다. 오늘 파출소에 모든 짐을 맡기고 오지 않았더라면 예정을 바꿔서 자고 갔을 것이다. 이런, 패착이! 다음을 기약하자. 다음엔 친구들과 와서 꼭 해야 할 일이 있다. 마라분교 아이들과 미니축구 한 게임, 밤에 별보기, 그리고 그 별빛 덮고 잠들기. 저 바다 속 깊은 곳의 물고기들과 하이파이브 한번하기. 상상만으로 가슴이 설렌다.

벌써 마라도의 끝이 가까워진다. 마라도의 명물 등대를 옆으로 하고

선착장으로 간다. 아! 마라도에서 해야 할 일에 한 가지가 추가되었다. 밤에 등대보기. 등대는 밤에 보라고 있는 것 아니던가? 벌써 한바퀴를 돌았다. 4시간이 짧기만 하다. 다음에 다시 오길, **꼭!**

제주도로 돌아오는 배에서 잠이 들었다. 확실히 어젯밤 일어났던 많은 사건들로 인하여 풀리지 않은 피로가 갑자기 몰려오는 것 같다.

중문을 향해 나아간다. 오르막이 꽤 있었지만 심하진 않았다. 하지만 중문에서의 오르막은 심했다. 사촌 형으로부터 소개받은 사람 집에서 하루 신세지기로 했는데 연락이 안된다. 집 위치를 몰라 서귀포시까지 갔었다가 연락이 되어 중문으로 다시 돌아왔다. 이미 날은 어두워졌기 때문에 그곳까지 찾아가는 게 너무 힘들다. 설명해주는 길을 전혀 이해하지 못하고 헤매고 또 헤매다가 결국 포기했다. 중문 해수욕장 주변의 그 심한 언덕을 30분간 서너 번 왕복했다.

다시 중문해수욕장으로 돌아가서 주차장에 텐트를 쳤다. 주차장 옆에 야영장이라 이름 붙은 곳이 있었으나 어두워서 평평한 곳을 찾지 못하고 결국 주차장에. 구석진 곳이라 밤에 차가 들어올 염려는 안 해도 될 것 같다. 나름대로 주차장의 장점을 생각해보았다. 우선 평평하다! 가로등이 있어서 적당히 밝다. 그리고 아스팔트의 온기가 남아있다.

짐을 풀고, 훔쳐갈 사람이 없다는 판단 아래 가볍게 몸만 나선다. 이곳에는 확실히 럭셔리한 호텔들이 많다. 아까 헤매면서 여러 호텔 건물을 지나왔는데 호텔 건물 그 자체만으로도 정말 멋지다. 거기다 밤에 불을 켜 놓으니 확실히 더 멋있다. 호텔 투숙객들이 거리에 많다. 호텔에

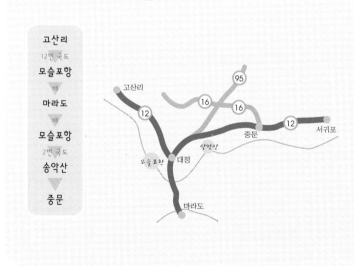

Travel Map

고산리
12번 국도
모슬포항
배
마라도
배
모슬포항
2번 국도
송악산
중문

서 무슨 축제 같은걸 하고 있는지 그 소리가 멀리까지 들렸다. 내가 텐트 친 곳까지. 멀리서 들려오는 그 환호성과 음악소리를 들으니 그 열기가 느껴져 잠을 이루기 힘들어진다. 나도 그 열기 속에 묻히고 싶다. 결국 잠들기가 아쉬워 일어나 아무도 없는 밤바다를 혼자 거닌다. 이게 웬 청승? 하하하. 그러나 정말 멋진 순간이다. '아무도 없는 밤바다를 혼자 거닐다.' 아우 가슴 시려!!

   적적하다. 낮엔 크게 못 느끼겠는데 혼자 밤에 있을 땐 확실히 적적하다. 적적하다는 외롭다의 다른 표현이다. 허나 이것도 여행의 일부 아닐까. 혼자 하는 여행만이 가질 수 있는 일부분. 아니 특권이라고 표현해도 괜찮을지도. 외롭다고 느끼는 순간에도 그래서 '싫다'거나 '돌아가고 싶다' 라거나 하는 생각은 들지 않았다.

"외로움이 찾아올 때 사실은 그 순간이 인생에 있어 사랑이 찾아 올 때보다 더 귀한 시간이다. 쓴 외로움을 받아들이는 방식에 따라 한 인간의 삶의 깊이, 삶의 우아한 형상들이 결정되기 때문이다."   -곽재구의 포구기행 中-

   정말 가슴에 와 닿는 말이다. 어쩌면 지금의 나에게 가장 위로가 되는 말일지도 모르겠다. 나의 외로움을 받아들이는 방식은 어떠한가? 정말 많은 사람이 나에게 물었다. 혼자 여행하면 외롭지 않느냐고. 그렇다. 그러면 '어찌 외롭지 않을 수 있겠습니까?' 라고 대답해 준다. 하지만 이 대하기 어려운 감정과 친숙해질수록 무언가 느껴지는 것이 있다. 지금 내가 느끼는 감정들은 여행 전에도 있었고 여행 후에도 있을 것들이다. 언제나 내 주변 곁에서 맴돌고 있던 존재이다. 다만 그것을 그동안 알지 못했던 건 스치듯 지나치는 경우가 많았을 뿐. 그것을 이제서야, 홀로 떠나온 여행의 순간순간 더 잘 느끼게 되었을 뿐이라는 것을. 조심스럽게 '쓴 외로움을 받아들이는 방식'에서 나의 삶의 깊이가 조금이나마 깊어지고 있는 건 아닐까하는 생각을 해 본다.

　내일은 중문 해수욕장에서 해수욕을 즐길 예정이다. 느긋하게.
　제주도에서의 세번째 밤은 이렇게 흘러간다.

마라분교 아이들

마라분교, 이곳 학생은 3명이다.

사실 폐교감이지만 한반도 최남단이라는 의미 때문에 그 명맥을 유지하고 있다. 선생님과 운동을 하는 아이들을 보았다. 3명의 학생들의 동생인 듯한 코흘리개 꼬마아이들이 같이 놀고 싶어 졸졸 따라다닌다.

'이런 곳에서 함께 놀아줘야 하는 거 아닐까?'

허나 이 마라분교에서 내가 아이들과 놀아주고 싶은 마음이 진정 이 아이들을 위한 것이기 보다 나의 추억을 만들고 싶은 이기심은 아닐까? 놀아 '준다'라는 표현에서 벌써 그런 느낌이 든다. 예전에, 관광객들이 마라분교를 지날 때 아이들 머리를 쓰다듬으며 앵무새 같이 같은 질문을 휙 던지고 다니기 때문에 아이들이 그런 것에 염증을 느낀다고 읽은 적이 있다. 나 역시 그들 중 하나가 될까봐 수업을 즐기고 있는 아이들을 멀찌감치 바라보다 발길을 돌렸다.

허나 다음에 마라도에 온다면 아이들과 미니 축구 한 게임을 하고 가야겠다.

즐거웠던 해수욕과 괴로웠던 1100도로

중문 >>>>> 영실

늦잠을 자고 싶었다. 그래야 했을 것이다. 그러나 일찍 일어났다. 그냥 멍하게 지도를 본다. 오늘은 無계획이다. 아침이 되어 주차장에 차가 들어올 수 있기에 텐트를 통째로 들고 야영장으로 옮겼다. 주위를 둘러보니 어제 어두워 텐트 치지 못했던 구석에 텐트 두 채가 있다. 외국인들이다. 말 두 마리가 근처에서 풀을 뜯고 있다. 어젯밤 웬 말 울음소리인가 했는데 저 녀석들 이었군. 눈치로 보아하니 두 외국인은 각자의 텐트에서 며칠째 있는 모양이다. 세월아 내월아 하면서.

근데 그 넘들은 왜 좀만 걸어가면 화장실이 있는데 풀숲에서 웅크리고 있는가. 눈이 마주쳐 당혹스러웠다.

그렇게 텐트와 돗자리를 펴놓고 뭉그적거린다. 뭘 할까? 중문 해수욕장에서 해수욕 하는 것 외에 또 무얼 할 것인가? 그리고 오후엔 어디로 갈 것인가? 어디론가는 가야하니까. 아침엔 또 분위기를 잡으며 바다가 보이는 벤치에서 빵과 바나나로 아침을 때웠다. 그리고 텐트에 짐을 놔둔 채, 가볍게 길을 나섰다. 이제 확실히 알겠다. 어제 어두워서 헤맸던 길들을. 이곳은 어디나 잘 꾸며져 있다. 벤치에 앉아 부모님께 편지를 쓴다. 마라도에서 산 초콜릿과 함께 보내려고 한다. 편지를 쓰면서 스스로 **'내가 인자 좀 철이 들었구나, 사람이 됐구나'** 하는 뿌듯함이.

여미지 식물원에 갔다. 굉장히 잘 꾸며져 있었다. 맘에 드는 곳이다. 식물에 대한 배경지식이 없다는 것이 안타까웠다. 전에 읽었던 「숲의 생활사」를 건성으로 보지 않았으면 좋았을 걸 하는 아쉬움이 든다. 이번 여행을 계기로 다음에 식물에 대한 책을 읽을 수도 있겠지. 다음에 이곳에 올 기회가 있다면 반드시 공부를 해서 오리라. 아는 만큼 보인다.

그래도 나름대로 파파야, 구아바, 빵나무 등 나무들을 본 것은 수확이다. 특히 빵나무 열매는 처음 봤다. 어렸을 때 빵나무가 있다는 이야기를 들으며 실제 우리가 사먹는 '샤니', '삼립', '코알라' 그런 빵이 매달려 있는 줄로 생각했고 그 이야기가 **'빵'**인줄 알았는데 진짜 빵나무라는게 있었다. 물론 우리가 사먹는 빵이 열려있는 건 아니었지만.

엘리베이터를 타고 꼭대기에 오르니 모든 것이 한눈에 들어온다. 식물원 자체도 멋지지만 바깥 멀리 멋진 모습들이 눈에 띈다. 바로 가까이에 일본식 정원이 눈에 띈다. 여미지 식물원의 일부분인 듯하다. 아주 아기자기하고 예쁘게 꾸며놓았다. 일본식 정원에 갔다. 아담하다. 조용히 앉

아 쉬고 있는데 시끌벅적 단체로 사람들이 온다. 이제 슬슬 가야겠구나.

텐트로 돌아와 점심도 거른 채 바다로! 중문 해수욕장. 9월 인데도 아직 사람들이 꽤 있다. 연인들끼리, 친구들끼리. 모래사장과 바다는 협재 해수욕장이 더 아름다운 것 같다. 바다 속은 상당히 밋밋하다. 물고기도 조개도 없다. 허나 파도는 밋밋하지 않았다. 그러나 거친 파도에 모래사장에서 넘어지고 구르는 것이 재미있다. 저 멀리서 서핑 하는 사람도 있다. 오호~ 서핑도 가능한건가?

3년 전, 하와이에 갔을 때 그곳에서 난생처음 서핑하는 아이들을 보며 얼마나 부러워했던가? 버스를 타고 지나가다가 서핑하는 아이들을 보고 바다에 들어가 혼자 물장구만 치다 나왔던 기억이 있다. 다음 날 몇몇 사람들의 도움을 받아 '서핑'이란 것을 해 보았다. 딱 한번 우연하게 파도를 탔는데 그 짜릿함이 아직도 생생하다. 아이의 몸에 어른의 머리를 가져다 붙여 놓은 듯한 한국의 많은 아이들처럼 공부에 찌들지 않고 언제든지 보드하나 들고 나가 서핑을 즐길 수 있는 아이들. 서핑하면서 주위에 돌고래와 바다표범 등도 본다고 하니 상상만으로 짜릿해지는 그림이다.

심심해서 모래사장을 한바퀴 달리고 비누 없이 샤워를 했다. 옷을 벗을 수 없어 옷 입은 상태로. 바지 속에 들어간 모래를 제거하는데 엄청난 애를 먹었다. 코펠에 빨래를 했다. 지금까지 햇볕이 쨍쨍했는데 널리고 하니 해가 들어가 버렸다.

가지고 온 빨래 줄은 아직 쓰지 않았지만 빨래집게는 상당히 유용하다. 텐트 위에 빨래를 널어 고정시키기 딱 좋다. 텐트 위에 빨래를 널을 때는 빨래집게든 뭐든 단단히 꼭 고정시켜 놓아야만 한다. 날아가고 흘러내리고…. 힘들게 빨은 빨래가 더러워지지 않게 하려면 말이다.

벌써 시간이 꽤 되었다. 라면을 끓여 국물에 얼마 남지 않은 생쌀을 전부 넣고 밥을 했다. 나의 엽기적인 회심작! 그러나 밥이 설익었다. 물 더 붓고 다시 했지만 또 실패. 이 작품의 맛에 대한 평가를 아직 내릴 수 없다. 암튼 다 버렸다.

아직도 갈 곳을 확실히 정하지 못한 채 짐을 정리했다. 고민 중이다. 내일은 반드시 한라산에 올라간다. 허나 어떻게 올라갈 것인지 고민이다. 오늘 안으로 성판악 코스 매표소까지 자전거로는 불가능하다. 그리고 백록담까지 가려면 아침 9시까지 매표소에 가야한다고 한다. 그렇지 않으면 입장 불가니까. 오늘 서귀포에 짐을 풀고 내일 버스를 타고 한라산 매표소로 갈 것인지. 아니면 자전거로 어떻게든 가 볼 것인지.

결국 자전거로 끝까지 올라가고 싶어 영실 코스를 선택했다. 영실 코스로 진작 정하지 못하고 망설인 이유는 그 코스는 너무 짧기 때문이다. 매표소까지 오늘 안에 도착 못하겠지만 최대한 많이 올라간 뒤 내일 새벽에 매표소까지 가리라고 마음먹고.

오후 4시에 출발. 그런데? **악몽 같은 경험**이 시작되었다. 이를

惡물게 하는 惡몽같은 경험이. 해발 0미터인 바다에서 출발하여 해발 700~800 정도에 위치한 서귀포 자연휴양림까지 올라갔다. 한 20km 달렸나? 1100 도로가 왜 1100 도로인지 깨달았다. 이 도로 꼭대기가 해발 1,100m였기 때문이다. 이걸 왜 몰랐을까? 뭐, 몰랐다기 보다는 생각해 본적이 없는 것이었지만. 오늘 평균 속도가 10.4km/h이다. 충격적인 평균속도이다.

그런데 너무 힘들다. 머릿속이 텅 빈다. 아무생각도 나지 않는다. 이렇게 힘들 수가. 아침엔 빵, 점심엔 라면 하나로 때운 것이 지금의 상황과 맞물려 치명적인 결과를 낳고 있다. 설상가상으로 길가엔 식당도, 집도 아무것도 없다. 우거진 나무들 뿐. 미리 잘 알아보고 계획을 세웠어야 했는데. 죽기살기로 올랐다. 그 숲 속에서 계속 달렸으니 산림욕은 제대로 한 것 같다. 잘 곳은? 서귀포 자연휴양림이 어떤 곳인지 모르겠지만 어제 주차장에서 잔 경험이 있으니 잘 곳 없으면 주차장에서라도 자면 되겠지 하는 막연한 생각 하나로 여기까지 왔다.

아!!! 정말 끝도 없다. 타고 가다가, 끌고 가다가, 타고 가다가. 기억이 너무 생생하다. 허기진 배를 움켜쥐고 슈퍼마켓이든 식당이든 뭐든 만나기만을 기대하면서. 그러다가 학교를 만났다. 탐라대학교. 대학 이정표를 보고 처음으로 든 생각은 **"와 식당이다!"**

학생식당으로 갔다. 여행 중 타 학교의 식당에서 밥을 먹는 건 처음이다. 폐교가 아닐까하는 생각이 들 정도로 분위기는 썰렁하다. 식당에는 아주머니와 나 혼자뿐. 저녁시간인데도 사람이 없다. 오후엔 대여섯 명 밖에 없다고 했다. 밥을 먹으며 핸드폰 충전도 하고. 식당 주인이 오더니 밴댕이 같이 휴대폰 충전을 거부했으나 거부 반사!. 충전완료.

유혹이 된다. 이 학교 운동장에 텐트를 칠까 하고 말이다. 허나 아직 해가 떨어지지 않았다. 갈 데까지 가보자. 그렇게 느리더라도 꾸준히 올라 서귀포 자연휴양림에 올랐다. 관리인은 내가 손님이 아니라는 걸 알자 갑자기 매우 불친절하다. 귀찮은 듯 텐트 칠 곳 없으니 그냥 가라고 한다. 하지만 갈 곳이 없는걸.

내가 '야영장'이라고 써있는 푯말을 가리키니 매표소 바로 옆 공터에 치라고 한다. 설마 여기가 야영장? 그리고 제시한 금액이 5,000원. 어이가 없었다. 안내판에는 야영장 2,000원이라고 쓰여진 걸 가리키니까 그곳은 맨바닥이 아니니까 +3,000원이란다. 그 옆 맨바닥을 가리키며 '2,000원 내고 저기서 자든가'라고 한다. **너무 황당하다.**

벌써 해는 졌다. 어두워진 마당에 다른 곳으로는 이동이 불가능하다. 가로등도 없는 숲 속의 고립된 길이다. 더구나 고도가 높아 벌써부터 추워지려한다. 속에선 화가 치밀었으나 지금 내 입장은 냉정히 생각해 봤을 때 화를 낼 입장은 아닌 것 같다. 한번만 차분히 사정을 설명해보고 최악의 경우엔 어떻게든 공터를 찾아 자리라고 마음먹었다.

간략히 사정을 설명하니 아저씨가 놀라는 기색이다. 자동차도 오다가 열 한번 식히고 올라오는 곳이라는데 자전거를 타고 왔다고 하니까. 그리고 혼자라고 하니까 더욱 놀란다. 의심스런 눈빛과 목소리로 "왜 혼자 다니는데?"라고 묻는다. 어쩌면 혹시 내가 '지명수배자?'는 아닐까 하고 생각했을지도 모를 일이다.

"네? 아, 왜 혼자 다니냐구요? 그건요. !@#@#^#$&&**!*&%."

어찌되었건 혼자 여행한다는 것이 마음에 들었는지 그냥 자라고 한다.

나이스!

Travel Map

그러나…………… 가장 충격적인 소식이 남아있다. 정신을 차릴 수 없는 강펀치가. 나를 바로 KO시킨 그 한방의 펀치가!

영실 코스는 백록담까지 입산이 금지된 코스란다. 이유는 환경이 오염되었다나. 몰랐다. 억울하다. 지도에 표시되어있다. 영실 코스에서 정상까지 걸리는 거리와 시간. 그리고 오다가 물어보았다. 갈 수 있다고 했다. 하지만 이런 경우에 몰랐다는 건 변명밖에 되지 못한다.

"저기요, 몰랐는데 백록담까지 한번만 올라가면 안 될까요?"

말이 안 된다. 달라질 건 없다. 무조건 모르고 있던 놈이 잘못이다. 결국 모든 건 나의 잘못이며 그 결과는 나의 몫이다. 더 확실히 알아보지 못한 나의 잘못이다. 심호흡하자.

가능한 코스는 성판악 코스와 관음사 코스 이렇게 둘 뿐이다. 여기까지 왔는데 이리로 가면 백록담에 못 오른다니! 만약 이 길을 다시 내려간다면… 아, 상상만으로 괴로워지는 순간이다. 정말 이럴 때 어떻게 해야 하는 걸까. 하도 자주 이런 일을 당해서 그런지 빠르게 냉정을 되찾고 생각을 해 본다. 내일 가능한 일정은 무엇일까. 하지만 쉽게 답이 나오지 않는다. 지도를 보고 생각을 해 봐도 내일 아침 9시 전에 자전거로 성판악 매표소까지 가는 건 무리다. 오늘 이 오르막길을 경험하지 않았던가. 새벽한 5시쯤에 출발해서 설사 간다고 쳐도 그 상태로 왕복 8시간이 넘는다는 성판악 코스를 갔다 올 수 있을 것인가. 무리다.

　그럼 어떻게 하나? 그럼 내일 뭐하나? 다시 내려가나? 그리고 다음 날 한라산 가나? 그건 싫다. 그렇다고 영실 코스로 가서 백록담을 포기하고 싶지도 않다. 죽어도 여기까지 온 이상 백록담은 보고야 말겠다! 아, 답이 안 나온다.
　일단 이곳에서 자는 것은 무조건 변경될 수 없는 것이기에, 어떻게 할 지 정하지 못한 채 잠이 들고 말았다.

Good~~! 중문해수 욕장에서..

페달링

페달링.

줄여서 페달링이라고 말하지만 엄밀히 말하면 페달링 속도에 관한 이야기이다. 이건 정말 중요한 것이다. 페달링이란 말 그대로 페달을 밟는 동작이다.

페달링 속도는 분당 회전수(RPM: Revolutions Per Minute)로 나타낸다. 즉 1분에 페달이 몇 바퀴 회전했는가를 의미한다.

보통 사람들은 이 페달링 속도가 매우 낮다. 이것은 자전거를 힘으로 타는 것을 의미한다. 또한 흔히 페달을 밟을 때 한쪽 발로만 누르고 한쪽은 쉬는 습관을 가지고 있기도 하다. 이러한 습관들로는 지금부터 말하고자 하는 페달링 속도를 높일 수 없다. 즉 비효율적이란 뜻이다. 이것은 여러 가지 측면에서 매우 좋지 않다. 우선 빨리 달릴 수 없다. 그리고 쉽게 지치기 때문에 오래 달릴 수도 없다. 또한 무릎인대에 압력을 가함으로써 무릎부상을 야기할 수 있다. 하지만 반대로 페달링 속도를 높여서 탄다면 위의 단점들이 반대로 적용될 뿐 아니라 심폐기능도 좋아진다.

그러면 페달링 속도는 어떻게 측정할까? 간단하다. 왼쪽이면 왼쪽, 오른쪽이면 오른쪽 다리를 정하고 1분 동안 몇 번이나 페달을 밟았는지 즉 몇 번이나 원을 그렸는지를 세보면 된다.

일정한 속도라면 20초 동안 세고 3을 곱해주어도 된다.

페달링 속도가 높아야 좋다는 것은 무한정 높은 것이 좋다는 뜻은 아닐 터. 그렇다면 어느 정도가 가장 좋을까? 개개인의 차이는 있지만 일반적으로 80~100rpm이 가장 좋다고 한다.

우리 같은 일반인들은 평지에서는 어떻게든 80rpm을 유지한다고 해도 오르막에서는 급격히 떨어지게 되는데 사이클 선수는 긴 오르막에서도 70rpm 이하고 떨어지지 않는다고 한다.

하지만, 내 경험상 이건 숙련된 사람 이야기이고 오르막에서 rpm이 떨어지더라도 rpm을 올리려고 힘쓰면 얼마 못 가 힘이 빠진다. 따라서 우리네 초보들은 마음을 비우고 그냥 느긋하게 오르는게 최고.

페달링 속도는 기어비와 밀접한 관련이 있다. 따라서 높은 기어로 맞추어놓고 죽어라고 힘을 써서 페달속도를 높이는 것이 아니라 힘을 적게 들이면서 높은 페달링 속도를 유지할 수 있도록 기어를 조절해 주어야 한다.

하늘에 가장 가까이 다가갔을 때

영실 >>>>> 서귀포

5:30분 기상. 주섬주섬 짐을 챙기면서도 고민이다. 이제 길을 나선다. 드디어 마음을 정했다. 일단 갈 수 있는데 까지 가보자. 지금 시각 6:30분. 오르막만 없다면 성판악 코스 매표소까지 못 갈 거리는 아니다. 하지만 오르막이 문제다. 얼마나 심할지 지도만으로는 확실히 모르겠다. 만약 늦게 도착하여 백록담까지 못 가게 한다면, 하루를 그대로

매표소에서 버릴 각오를 하고 출발했다. 시간 내에 도착한다면 아무리 힘들어도 백록담까지 올라갔다 온다는 각오를 하고.

어제 힘들게 왔던 길을 반가량 내려간다. 짜릿한 내리막길이지만 별로 신나지는 않다. 그 고생해서 올라온 보람 없이 다시 내려가는 길이다. 그리고 내려간 만큼 다시 올라가야 하기에 내리막이 신나지 않다. 오르막 뒤의 내리막과 내리막 뒤의 오르막의 차이점은 뭘까? 오르막길 뒤의 내리막길과 내리막길 뒤에

1100도로를 오르다 찰칵

오르막길에서 느끼는 심경의 변화를 느끼다보니 이런 궁금증이 들었다.

오르막 뒤의 내리막과 내리막 뒤의 오르막. 편의상 전자를 A, 후자를

B 라고 하면 B가 힘이 덜 든다. 다른 조건을 같다고 보았을 때, 예를 들면 오르막과 내리막의 높이, 도로조건 등등의 조건을 맞춰주면 얼핏 똑같다고 생각될지 모르지만 B가 육체적으로 이득을 본다. 허나 정신적 데미지는 B가 크다고 본다. 이유는 A의 경우 오르막을 다 오르면 내리막길이 있다는 기대감을 가지고 오를 수 있는데 반해 B의 경우 내리막을 내려가면 그만큼 올라가야만 한다는 부담감을 안고 내려가야 하기 때문이다. 이러한 이유로 내가 오르지 않은 내리막길을 만나면 때때로 찝찝한 기분이 들때가 있었다.

그렇게 내리막을 조금 내려가서 1115번 산록 도로를 만났다. 이 길은 정말 일관적으로 울퉁불퉁하게 생겼다. 오르막과 내리막이

아주 균일하게 반복되는 것이다. 하나씩 넘다 보니 가장 두려운 516 도로를 만났다. 이제 성판악 매표소까지 가는 일만 남았다. 앞으로 남은 시간 1시간 반. 그 안에 올라가야 한다. 아침밥이라도 먹으려면 한 시간 안에 올라가야 될 것이다. 한라산을 좌우로 끼고 제주도 전체를 반으로 가르는 두개의 도로가 1100도로와 516도로이다. 앞에서 언급했듯이 1100도로는 그 높이를 의미한다. 하지만 516도로는 높이와 상관없고 5·16 군사정권이 세운 도로다.

이제는 내리막 없는 오르막. 조금도 못 가서 힘이 다 빠져 헉헉거렸다. 아직 10km 좀 더 남은 것 같다. 마음은 급하지만 몸이 따라주질 않

는다. 또 조금도 못 가 갓길에 자전거를 세우고 헉헉거리며 숨을 고른다. 마음이 약해진다. 갈 수 있을까?

그때!! 바로 그때!! 트럭 한 대가 지나간다. 그런데 뒤에 짐이 실려 있지 않은 것 같다. 나도 모르게 엄지손가락이 움직였다. '당신 최고!' 라는 의미의 손짓. 아니 어쩌면 트럭을 보는 순간 마음 속에서는 히치하이킹을 할 마음을 먹었나보다. 큰 기대를 가지고 있던 건 아니었는데 놀랍게도 트럭이 멈췄다.

"아자씨, 성판악을 지나시면 그곳까지 태워주실 수 있는지요?"

"뒤에 타요."

오케바리!!!! 자전거를 번쩍 들어 트럭 뒤에 실었다. 갑자기 힘이 솟는다. 갈 수 있다. 충분히 갈 수 있다. 얼굴엔 웃음이 번진다. 안면근육 제어가 안 된다. 트럭을 타고 올라가면 올라갈수록 입이 떠억 벌어진다. '이…이…이 길을, 한 시간만에 올라가려고 했단 말인가!' 경사도 경사지만 무엇보다 커브각도가 매우 크고 갓길이 없다. 모든 운송수단에 자전거를 실어보겠다는 목표에 한걸음 다가갔다. 지금까지 지하철, 승용차, 배, 트럭. 남은 건 버스와 기차다. 오토바이와 비행기는 예외이다.

여유 있게 성판악 매표소에 도착. 아침을 먹을 여유도 보너스다. 김밥을 먹는데 종업원 아가씨가 매우 친절하다. 차를 타고 왔음에도 지쳐서 김밥을 빨리 못 먹겠다. 주인아주머니는 왕복 10시간을 이야기한다. 그러면 내려왔을 때 해가 질 수도 있다. 만약에 그렇다면 저녁을 사놔야 한다. 쌀이 떨어졌기 때문에. 그래서 점심, 저녁에 먹을 김밥네 줄을 샀다. 그리고 등에 맬 가방이 없어서 가방도 샀다. 손에 뭐 들고 다니면 매우 불편할 것 같아서. 결국 이 모든 것은 기우에 불과하였지만. 내가 힘들게 올랐던 지리산, 설악산보다 높은 남한 최대의 산이라는 점 때문에 준비를 철저히 해야 한다고 생각했다. 정상까지 거리 왕복 20km.

그리고 출발. 매표소에 사정해서 짐을 모두 맡겨 놓았다. 물, 카메라, 식량, 그리고 날씨가 흐려 비옷만 챙겼다. 출발시각 8:30분.

스피디하게 갔다. 코스는 단조로움 그 자체다. 주위에 있는 식물이 전혀 바뀌지 않는다. 아기자기한 맛이 없이 그냥 걷기만 하는 코스다. 경사도 완만하고. 진달래 대피소까지 2시간 정도 걸렸다. 그곳에서 잠깐 쉬고 다시 출발 1시간 걸려 정상도착. 3시간 만에 정상까지 왔다. 허무하다. 왕복 10시간은 최대한 천천히 갔을 때의 이야기인가 보다. 나와 비슷하게 출발한 젊은 여성들도 네 시간이 채 안 걸리는 것 같다.

백록담. 내가 이곳에 이러한 방법으로 와보게 될 줄이야. 뿌듯하다. 이곳이 해발 1,950m니까 나는 지금 하늘과 가장 가까이에 와본 것이다. 백록담에 물은 적었지만 멀리서 보아도 정말 맑아 보인다. 들어가 보고 싶지만 막아 놓았다. 새끼 노루를 보았다. 사람들을 두려워하지 않고 한가로이 풀을 뜯고 있다. 사람들이 자신에게 오지 못 한다는 걸 알고 있나보다.

제주도의 도로엔 '노루조심'이라는 표지판이 많으니 이곳 말고도 노루가 많이 살고 있을 것이다. 제주도 사람들에겐 노루가 그리 신기할 것까지는 없는듯하다.

점심을 먹을 시간. 김밥 두 줄을 꺼냈다. 주위엔 온통 잔칫상이다. 많은 과일과 푸짐한 밥상들. 내려가서 맛있는 것 먹으면 되지 뭐. 김밥 두

줄도 맛있기만 하다. 물이 없어 목이 잠긴다. 이 긴 코스에 약수터가 초반에 단 하나 있다는 게 말이 되나? 아저씨들이 젊은 여대생(?)들에게 이리 와서 이것 좀 먹으라고 난리다. 수고했다고. 그런데 바로 옆에 있는 노숙자 같은 나는 역시 거들떠도 안 본다.ㅠ.ㅠ

이젠 내려갈 일만 남았다. 시간은 충분하기에 여유 있다. 자리를 잡고 앉아서 초점 잃은 눈으로 먼 곳을 바라본다. 무언가 더 느껴야 할 것이 남은 것만 같아서. 그러나 허무함이 밀려온다. 여행의 중요한 순간순간 문득문득 찾아오는 이 허무함은 뭘까. 아직 이 감정의 정체를 파악하지 못하겠다. 백록담이라는 곳에, 하늘과 가장 가까운 곳에 있는 지금 이 순간이 상상했던 것만큼 감동으로 다가오지 않았기 때문인가. 문득 스스로 감동받았다고 느끼려 한다는 생각 마져든다. 고개를 설레설레 저으며 잡념들을 털어버린다. 한라산 백록담에 오른 것은 가슴 후련한 일임에는 변함이 없다. 이제 내려가자.

내려가는 길은 지루할 정도로 길다. 거의 멈춤 없이 터벅터벅 걷기만 했다. 허나 마음과 발걸음은 가볍다.

거의 다 왔을 무렵, 길에서 쉬시던 아주머니들이 배 한 조각을 내미신

다. "드시면서 가세요~" / "고맙습니다."

시원하다! 배가 입으로 넘어가기 전부터 힘이 나니 배를 먹어서 나는 힘보다 그 따뜻한 말씀이 더 큰 힘을 주는가 보다. 내려오니까 3시다. 8시 30분에 출발했으니 도합 6시간 30분이 걸렸다. 예상과 다르게 엄청나게 시간이 남는다.

아까의 식당으로 가서 아침에 사간 김밥 남은걸 먹는다. 주인아주머니가 오뎅 국물을 가져다준다. 벌써 정상까지 갔다 온 건지 물으신다. "정상까지 갔다 왔으니까 드리는 거예요"라고 하시며 포도 한 송이를 준다. "고맙습니다."

'내가 아주머니들에게 인기 있나? 하하' 어림 반 푼어치도 없는 생각도 스친다. 남들이 들으면 바로 싸대기 맞을 생각이다. 내가 순간 이런 생각 한 거 알면 아마 도로 줬던 거 빼앗겠지?

이제 **서귀포시**로 내려간다. 엄청난 내리막길이 나를 기다리고 있다. 브레이크로 바퀴를 계속 견제하는데도 50~60을 넘나드는 속도로

내려간다. 서귀포시까지 크고 작은 내리막길 모두 합해서 도합 20km를 넘게 내려갔다. 짜릿하다. 갓길이 없어 긴장을 풀지는 않았지만 짜릿하고도 짜릿하도다. 이 '대박' 내리막길을 순식간에 내려가는 것이 아깝다는 생각을 하면서.

서귀포 시내에서 찜질방을 찾는데 없다. 길가는 사람들에게 물어봐도 없단다. 명색이 서귀포는 읍도 아니고 군도 아니고 '시(市)'인데 없다고? 결국 하나 있긴 있다는 걸 알았는데 서귀포시에서 좀 떨어진, 내가 한참 내려온 내리막길을 다시 돌아가는 길인 것 같다. 거기까지 다시 갈 마음은 나지 않아 다른 숙박장소를 알아보기로 했다. 그런데 도착한 곳은 이런데서 잠을 잘 수 있을까 하는 강한 의문이 생길 정도로 허술했다. 잠은 잘 수 있겠다 싶어서 짐을 풀었다. 좀 심하다 싶었지만 기억에 남는 장소다. 기억에 남으려면 끝내주게 시설이 좋거나 아니면 여기처럼 끝내주게 나쁘거나.

가정집이랑 비슷하다. 목욕탕은 없고 탈의실도 없다. 다만 일반상가에 있는 화장실에 샤워기가 하나 설치되어있다. 그게 전부다. 남녀 모두 그곳에서 샤워를 한다. 찜질방이 있기는 있는데 아예 들어가 볼 생각도 못했다. 하지만 손님이 나 하나였기 때문에 조용히 잘 수 있는 강력한 장점이 있었다.

씻을 땐 정말 어이가 없었지만 나중엔 아주머니가 안쓰러웠다. 집에서 아이를 키우면서 24시간 혼자 운영을 하고 있다. 한밤중에도 선잠자다가 손님이 오면 일어나서 손님을 받아야 하는 것 같다. 솔직히 하루 손님이 아무리 많아도 5명을 넘지 못할 것 같은데 헛고생하는 게 아닌가 싶다. 아무튼 씻었다는 사실에 만족하자. 지난 3일간 비누칠해서 샤워를 못했다.

Travel Map

샤워 후 저녁을 먹고 조용히 밀린 일기를 쓸만한 곳을 찾았다. 그런데 없다. 제주도에 두 개의 시가 있다. 제주시, 서귀포시. 난 당연히 서귀포시의 규모가 꽤 될 것으로 생각했는데 상당히 작았다. 찻집을 하나 발견하고 조용히 일기를 썼다. 며칠 밀린 상태여서 오늘은 미루면 안될 것 같았다. 일기를 쓰다가 한라산에서 만난 아가씨가 생각이 났다. 오늘은 어디까지 가는지 물었고 오늘은 피곤해서 서귀포시 내려가 푹 쉴 계획이라고 하니 자신도 서귀포시에 산다고 말했었다. 혼자 하는 여행은 사람을 적극적으로 만드는 것일까. 지나가는 외국인들에게 말 걸고 지나가는 자전거 여행객들에게 말 걸고, 아무래도 그런 것 같다. 낯선 곳을 혼자서 여행하니 말 상대가 필요해서 그런 것일까. 확실히 말 상대가 필요한 것 같다.

오늘도 정말 긴 하루였다. 마라도, 한라산을 다녀왔다. 이제 좀 마음이 홀가분해진 것 같다. 제주도 여행의 가장 핵심적인 것을 마무리 지었다. 쓰러지듯 잠이 들었는데 잠결에 무시무시한 바람소리를 들었다. 이 바람소리가 다음날 겪게 될 엄청난 경험뿐 아니라 또 한번 나의 발목을 붙잡을 태풍 '송다'의 시작을 알리는 소리였을지도 모른다.

트럭아저씨! 자전거 좀 태워주세요~

가까에서 만난 사람들

아침의 친절 종업원 아가씨가 신기한 듯 다가와 물어본다.
"벌써 다녀오셨나 봐요."
"아, 네에."
"전공이 뭐예요?"
잉? 학생이라고 말한 적이 없는데 갑자기 웬 전공?
"어, 학생인줄은 어떻게 아셨죠?"
"oo대 학생 아니세요?"
내가 다른 학교 추리닝을 입고 있어서 그렇게 생각했구나. 거의 10년째 입고 있는 oo대 추리닝.
"oo대 학생 아니에요. 그리고 전공은 천문학입니다."
"와~ 별 보는 거요? 신기하다. 그런데 몇 살이세요?"
"24인데요."
놀라는 눈치다. '아니 왜 놀래지? 나 안 삭았는데.'
"동갑이네요, 우리 친구하면 되겠네요."
자연스럽게 말을 주고받았다.

이곳에 오기 전에 서울의 내가 사는 바로 옆 동네에 살았었나보다. 나중에 그곳에 들릴 일 있으면 연락하겠다며 연락처를 물어왔다. 아! 오우~ 이런 당황스러우면서도 감격(?)적인 순간이 있나. 좀 황당하지만 아무튼 낯선 여성이 먼저 연락처를 물어보는 사건이 발생하다니. 갑자기 자랑하고 싶어진다. 이건 대형 사고다. '세욱일보' 1면 톱기사다.

하하하~ 내 24년 인생 중 최초의 사건이다. 최후는 아니길 기대해본다.

삼다도의 한 주인공, 바람

나의 아침은 사과다

사과를 한입 베어 물면 온 몸이 상쾌해지고
아침을 한입 베어 물면 온 몸이 향긋해진다.
영롱한 사과의 빛깔을 내 눈동자 속에서 춤을 추고
태양이 떠오르는 아침은 내 심장에 불을 지른다.
사과의 씨앗은 내 몸 안에 새롭게 태어나고
아침의 이슬은 내 마음속에 심겨져
한 그루의 사과나무로 피어난다.

- 강효석 作 -

시인이 쓴 작품이 아니다. 나와 함께 고생을 했었던 친한
형이 쓴 시다. 한동안 함께 아침마다 사과를 먹었던 기억이 있다. 그때
형은 함께 사과를 먹으며 즉흥적으로 이 시를 써주었었다. 오늘 아침으
로 사과를 먹으며 떠올린 시다. 읽자마자 필 꽂혀버린 멋진 시!

 푹 자야만 하는데, 푹 자고 싶은데 또 아침이 되니 눈이 떠진다. 평소
엔 안 피곤해도 아침에 일어나지지가 않아서 고생하는데, 여행기간엔 피
곤해 죽겠는데도 눈이 떠져서 고생한다.
 다시 자려고 애를 써봤지만 포기하고 그냥 일어났다. 아직 목적지를
아무곳도 정하지 못했다. 그냥 느긋하게 달리려는 생각뿐. 지도를 보며

궁리를 해보지만 마라도나 한라산 같은 큰 목적지가 없다. 다만 '우도'를 마음속에 염두해 놓았다. 어제 산 빵과 바나나, 사과로 아침을 먹고 짐을 정리하는데 바람소리가 상당히 거슬린다. 도대체 어떤 바람이기에… 곧 알게 되겠지.

우선 '큰엉해안경승지'로 가자. 마음은 아직까지 한없이 느긋하다. 출발. 맞바람이다. 어느 카피문구처럼 '지금까지의 맞바람은 모두 잊어라!' 정말 놀라울 정도의 바람이다. 제주도에서 맞바람을 맞으면 달리기가 힘들다는 이야기는 들어서 알고 있었지만 예상과 상상을 뛰어넘는 바람이다. 앞으로 나아가는 것조차 힘이 든다. 힘들었지만 지금까지 경험하지 못했던 걸 경험한다는 생각에, 말로만 듣던 존재와 직접 만나는 것에 대해 한편으론 기대감도 있었으나, 이런! 그 바람이 며칠간 계속될 줄은 몰랐다.

큰엉해안경승지까지 한달음에 달리지 않고 해안가의 마을도 구경하고, 이곳저곳 기웃거리며 여유있는 팔(八)자 걸음을 걸었다. 드디어 '큰엉해안경승지'. 유명한 장소다. 만족스럽다. 절벽에 부서지는 파도가 정말 멋지다. 절벽 아래서 치는 파도지만 파도가 세서 물보라가 위까지 올라온다. 절벽에 부서지는 파도와 그 주변 경치 속에 묻히니 마음이 편안해진다. 그 앞 벤치에 앉아 한동안 말없이 파도만 바라보았다. 아무 생각도 하지 않은 채. 그러다 어제 다 못쓴 일기를 쓰기 시작한다. 일기를 쓸 때는 가능한 한 이런 멋진 풍경에서 고요한 분위기에서 쓰고 싶다.

흐린 날씨에도 불구하고 단체 관광객들이 온다. 분위기가 깨진다. 한 관광객은 나에게 묻는다. "시 쓰세요?" 말없이 미소로 화답했다. 충분히 시심(詩心)이 일만한 풍경이다. 단체로 와서 왁자지껄 떠들며 한번 휙 보는 것으로 관광 끝. 이런 관광객들이 몇 차례 온다. 내가 원하는 조용한 분위기도 깨지고 피로도 몰려와 벤치에 그냥 누워 잠이 든다. 얼마 안 있어 구름 사이로 비치는 강한 햇살이 나를 흔든다. 엉금엉금 일어나 그늘에 잘만한 곳을 찾아 돌아다니다 잠이 깼다.

지도를 보고 오후계획을 생각해본다. 아무래도 우도가 가고 싶다. 가자! 그렇게 한번 마음을 정하니 갑자기 의욕이 솟고 우도에 가고 싶은 마음이 굴뚝같아 진다. 성산까지 가서 우도로 가는 마지막배(6:30분)를 타고 우도로 넘어가 하루 자고 오자! 마라도에서 머물지 못했던 한(恨)을 풀자!

맞바람에 힘들다. 가면서 해수욕장을 하나씩 둘러본다. 나중에 올 걸 대비해서 해수욕장은 거의 한번씩 둘러보고 있다. '표선' 해수욕장. 이곳은 물이 굉장히 얕고 파도가 없어 반바지만 입고도 놀기에 괜찮

아 보인다.

아직도 피로가 덜 풀렸나. 가다가 초등학교에 들어가 또 한숨을 청한다. 바람이 너무 강하다. 바람 때문에 추운 건 둘째 치고 돗자리가 바람에 날려 자기도 힘들다. 몸으로 돗자리를 누르고 네 귀퉁이에 무거운 것을 올려놓아도 몸을 움직이면 다 날아가 버릴 정도다. 스탠딩으로 세워놓은 자전거도 그냥 쓰러진다. 그래서 기둥에 묶어야 했다. **무시무시하다 정말.**

그래도 잤다. 자고 일어나니 시간이 촉박해졌다. 성산까지 시간에 맞춰가려면 쉴 시간이 없다. 맞바람을 뚫고 빨리 달려보고자 힘을 써보지

태풍은 또 한번 나의 갈 길을 막아섰고
나의 계획을 비웃듯이,
작은 나뭇가지를 꺾어 버리듯이
나의 의지를 꺾어 버렸다.
평정심을 잃고 태풍에 요동치는 바다 같은
나의 마음. 실망, 좌절, 분노 그리고 마지막 한숨.

만 제풀에 지치고 만다. 제시간에 못 가면 큰일이다. 그러던 중 문득 지난번 마라도 배시간이 안내지도에 나온 것과 달랐던 것이 떠올라 급히 전화를 해보았다. 앗! ARS가 받는다. 우도로 가는 오후 배는 바람이 너무 세서 모두 정지되었다는 말에 맥이 탁 풀리고 만다. 시간에 맞추려고 힘써 달렸는데. 이때까지만 해도 난 이 바람이 단순한 제주도에서 분다는 맞바람인줄로만 생각했다. 허나 그게 아닌 것 같다. 하긴 이 상황이 이해는 된다. 지금 내가 맞고 있는 바람이 해상에서도 부는 거라면 배가 못가는 것이 당연 할 테니까. 허나 제주도에서 우도는 배로 십여 분밖에 걸리지 않는 거리인데. 그래도 바람이 세다면 어쩔 수 없겠지.

그래서 오늘은 성산에서 자고 내일 새벽에 성산일출봉에 올라 일출을 보고 우도로 넘어가는 것으로 계획을 수정했다. 이 계획도 상당히 맘에 든다. 실망감은 잊고 내일에 대한 기대감에 다시 한번 주먹을 쥔다. 목을 가다듬고 소리쳐본다. **"내일가면 되지 뭐!!"**

성산파출소를 찾아갔다. 파출소와 소방서가 함께 있다. 다시 한 번 하룻밤을 부탁해본다. 허나 거절. 근처에 찜질방이 있으니 그리로 가라고 한다. 돈이 아까워서 재워달라는 것이 아니다. 다만 새로운 경험을 하고 싶었을 뿐인데. 지금까지 몇 차례 마을회관과 소방서를 시도해 보았는데 간단히 거절당한다. 그래도 여행 마지막까지 시도는 해 볼 것이다!

그런데 문제가 생겼다. 이곳에서 앞으로 3일은 배가 안뜰 것이라는 이야기를 들었다. 이유는 태풍이다. 미칠 지경이다. 벌써 세 번째 태풍이다. 성산일출도, 우도도 모두 틀렸다. 하지만 이런 일에 이제 익숙해질 법도 한데 화가 치민다. 정말 이러다 화병 걸리겠다. 어쩔 수 없다. 어쩔 수 없다. **어쩔 수 없다.** 누구의 잘못도, 누구의 탓도 아니라고 마음속으로 되뇐다. 어쩔 수 없다. 하지만! **하지만!** 그래도 너무 한 거 아냐?

태풍은 또 한번 나의 갈 길을 막아섰고 나의 계획을 비웃듯이, 작은 나뭇가지를 꺾어 버리듯이 나의 의지를 꺾어 버렸다. 평정심을 잃고 태풍에 요동치는 바다 같은 나의 마음. 실망, 좌절, 분노 그리고 마지막 한숨.

날이 어두워진다. 어떻게든 숙소를 먼저 잡아야한다. 바로 옆에 찜질방이 있다는 걸 알았지만 가고 싶지 않다. 텐트를 치기로 마음 먹었다. 오면서 초등학교를 하나 봐 두었는데 또 길을 잃었다. 그 짧은 거리를. 스스로를 저주하며 결국 다시 찾아내었다. 오다가 잘 곳을 찾아 헤매는 자전거 여행객 두 명을 만나 인사하고 생각 있으면 그리로 오라고 했으나 그들은 어째 기본 예의가 없어 인사를 무시해 버린다. 오늘 오후는 전반적으로 기분이 나쁘다. 게다가 쌀까지 없다. 하지만 좋은 기회라고 생각했다. 민가에서 쌀을 얻어 보는 경험을 해 보자. 민가에 가서 쌀을 달라고 부탁해 본다. 썩 기분이 좋지는 않다. 아주머니와 아저씨가 있었는데 아주머니가 기분 좋게 주는데 아저씨가 기분 나쁜 표정을 짓고 있으니 받는 사람도 기분이 좋지는 않다. 한번 경험한 걸로 만족한다.

밥을 해 먹고 건물 뒤쪽에 자리를 잡았다. 비를 피할 수 있는 곳으로. 애초부터 허약하게 태어난 플래시로 겨우 비춰가며 밥을 한다. 이 밤중에 경찰치기 초등학교에 들어온다. 한바퀴 탐색을 한다. 건물 뒤에서 그들을 보고 있어서 나를 발견하진 못하였는데 이 밤중에 초등학교에 순찰이라니. 내가 범죄행각을 벌이는 것은 아니지만 내가 있는 곳으로 올까봐 은근히 조마조마했다.

밤중에 사람들이 많이 오간다. 바람도 날아갈 것 같고 주변이 어수선하니 잠을 잘 수가 없다. 아니 주변이 어수선한건지 내 마음이 어수선한건지? 우도, 성산일출도 모두 틀렸다. 거기다 태풍 '송다' 가 온다. 예정보다 하루 빠르지만 내일 제주도를 뜨기로 결심했다. 지난번처럼 배가 뜨지 않아서 꼼짝 못하는 불상사를 막기 위해서. 태풍이 오는 마당에 무엇을 할 수 있겠는가. 갑자기 제주도에서의 마지막 밤이라고 생각하니 조금 서글퍼진다. 내일도 배가 뜰지 안 뜰지 모르겠지만 내일 배가 뜬다면 가야한다. 모레면 확실히 안 뜰테니까.

밤이 깊어가고 잠도 깊어간다. 그러다 어느 순간 직감적으로 잠이 깼다. 두 명이 소곤거리며 살금살금 다가오는 발소리를 들었다. 불과 1초가 흘렀을까. 갑자기 밖에서 텐트를 잡아 흔든다. 정말 어이없는 돌발사태가 발생했다.

"뭐야 이 개XX들아!" 소리를 빽 질렀다. 깜짝 놀랐는지 도망을 간다. 다행이다. 허나 정말 위기였다. 이 텐트의 구조상 조금만 밖에서 힘을 가하면 완전히 주저앉아 버린다. 무너지면 그물에 사로잡힌 동물처럼 꼼짝할 수 없다. 밖에 있는 사람이 안에 있는 사람 밟는 건 아주 쉬운 일이다. 텐트가 무너지기 전에 그들이 도망을 가서 정말 다행이다. 하지만 다시 돌아올까 봐 걱정이 된다.

누굴까. 아무래도 그냥 동네의 조금은 불량스러운 중·고등학생 정도 되는 것 같다. 적잖이 놀랐지만 또 오는지 잠시 기다리다가 스르르 잠이 들어버렸다.

매우 유쾌하지 않은 경험이다.

태풍을 뚫고 달리다

내가 전국여행의 수단으로 자전거를 택한 이유

전국여행을 위한 교통수단은 여러 가지가 있을 것이다.
개인승용차, 대중교통, 오토바이, 도보, 자전거 등.

모든 것에 길고 짧은 부분들이 있다. 그런데 승용차와 대중교통과 오토바이는 자전거나 도보여행에 비하면, 상대적으로 나중에 해도 괜찮을 것 같다. 자전거와 도보만이 자신의 힘으로 움직이는 수단이다. 나는 전국일주가 목표였다. 물론 단지 돌기만 하는 것이 아니라 여행을 하면서, 이런저런 생각도 하고 몇군데 꼭 가보고 싶었던 곳도 가보길 원했다. 이런 상황에서 도보여행은 시간적으로 부적합해 보였다.

자전거는 도보에 비해 훨씬 같은 시간에 많은 것을 할 수 가 있다. 더구나 바람을 가르며 달릴 수 있다. 새벽공기를 가르며 달리는 기분, 오르막을 오를 땐 걷는 것보다 힘들지만 그 뒤에 기다리는 내리막은 걷는 것이 가져다줄 수 없는 짜릿한 즐거움을 가져다 준다. 이것이 바로 자전거가 가지고 있는 장점이다.

나는 자전거 전문가도 매니아도 아니지만 자전거여행의 매력은 이것만이 아니라고 생각한다. 글로 옮기기 힘든, 실제 해보아야만 느낄 수 있는 매력들이 있다. 정말 기억에 남는 여행을 하고 싶다면 이것저것 앞뒤 재다가 포기하지 말고 일단 떠나고 보라.

태풍은 다시 한번 나를

성산 >>>>> 제주시

아침 일찍 일어나 7시 길을 나섰다. 여행의 시기를 더 앞당겨서 했으면 여러 가지로 장점이 있을 것이었다. 그 중 하나가 초등학교의 방학이다. 그런데 지금은 개학을 하였다. 개학을 한 이후로는 초등학교에 들어가 한숨 자고 일어나는 일이 힘들다. 일요일이나 가능한 일. 그리고 텐트치고 자면 일찍 일어나야만 한다. 이제 익숙해서 괜찮다. 등교시간에 아이들 우르르 몰려오는데 운동장 한쪽에 텐트 친 걸인이 하나 있다면 얼마나 놀랄까. 그걸 생각하면 늦잠을 자고 싶어도 잘 수가 없는 것이다.

다행히 어젯밤 비가 오지 않았다. 태풍이 오고 있다는 소식에 비를 걱정했었다. 지금 날씨는 매우 흐리다. 곧 비가 올 것 같은 날씨다. 그리고 바람은 상상을 초월한다. 태풍의 영향권내에 들었다고 생각했다.

내륙은 괜찮지만 해안도로는 장난이 아니다. 모래바람은 살을 뚫는다. 만약 고글을 쓰지 않았다면 눈에 모래가 박힐 것 같다. 끔찍하다. 해안가에서는 맞바람이라기보다는 측면바람이다. 바다에서 불어오는 바람. 얼마나 강한지 자전거가 옆으로 휘청거린다. 나도 모르는 사이에 밀리다가 중앙선을 침범하는 경우까지 생긴다.

그런데 그런 바람 속에서도 묵묵히 일하시는 할머니들을 보았다. 도대체 이런 바람 속에서 할머니들께서 일을 하고 있다니. 그분들을 보니 큰 바위가 연상이 된다. 그 작은 체구의 할머니들이 이렇게 크게 보이다니.

내가 지금 일하시는 할머니들처럼 비가 오나 눈이 오나 흔들림 없는 큰 바위 같은 사람이 될 수 있을까. 자신이 없어 왠지 마음이 불편해지기까지 했다.

그건 그렇고 예감이 너무 불길하다. 오늘도 배가 안 뜰지 모른다는 생각이 든다. 불안하다. 그런 불안감을 떨치려 애쓰며 배가 뜨든 안 뜨든, 이런 환경에서는 해수욕이고 뭐고 아무것도 할 수가 없기에 무조건 제주시까지 가기로 마음먹었다. 가깝다. 제주시 여유 있게 한나절이면 간다. 그러나 떠나는 발걸음이 아쉬워 자꾸 멈추게 된다.

태풍 가운데 묵묵히 일하시던 할머니들은 나를 부끄럽게 하였다

내가 타려고 한 시점에
또 절묘하게 배가 안 가는 것이다.
빌어먹을!! 태풍. 세 번씩이나 이렇게
고의적인 것처럼 나를 괴롭히다니.
이것은 태풍을 뚫고 달리는 것보다
훨씬 괴로운 일이다.

가다가 김녕, 함덕 해수욕장에 들렀다. 함덕 해수욕장이 제주도 사람들이 가장 많이 가는 곳이라고 했었는데, 둘러보니 많은 사람이 놀기에 괜찮아 보인다. 개인적으로 좋아하진 않지만 놀이시설이 잘 되어있다. 바다와 해수욕장이 전반적으로 맘에 든다. 담에 친구들끼리 왁자지껄 와서 놀면 좋을 것 같은 장소다. 오다가 삼양동 유적지를 구경했다. 시간적으로 여유가 있기에 한번 둘러보았다. 안내하는, 봉사활동으로 온 아주머니께서 친절히 설명을 잘 해주어서 좋았다.

제주시에 도착. 배는 안 간다. 어느 정도 예상했던 바다. 물론 어제까진 갔다. 내가 타려고 한 시점에 또 절묘하게 배가 안 가는 것이다. 빌어먹을!! 태풍. 세 번씩이나 이렇게 고의적인 것처럼 나를 괴롭히다니. 이것은 태풍을 뚫고 달리는 것보다 훨씬 괴로운 일이다. 가야할 곳에서 태풍으로 발목을 잡히는 것은. 어느 정도 예상했기에 가슴은 쓰리지만 덤덤히 받아들이고 뒤늦은 점심을 먹는다.
그리고 찜질방을 찾는다. 가장 편안하고 만만한 숙소다. 태풍으로 노숙은 무리였다. 찜질방 찾는데 고생했다. 지금까지 여러 번 느낀 것이지만, 현지인들의 말을 100% 신뢰해서는 안 된다. 길을 물어볼 때 잘 모르면서 대충 가르쳐 주는 사람도 꽤 많다. 찜질방이 이 근처에는 없다는 사람, 있다는 사람, 원래 있었는데 얼마 전에 문 닫았다는 사람.

이 근처엔 없고 좀 멀리가면 있다는 사람. 별별 사람이 다 있다. 한 10번 가까이 물어보고 근처에 하나 있는 걸 찾아냈다. 규모가 꽤 크다.

찜질방에 걸려있는 커다란 거울들. 거울을 본지 매우 오래된 듯한 기분이다. 큰 거울로 찜질방 풍경을 바라보다가 한 사람을 보게 되었다. 온몸은 시꺼멓고 전체적으로 지저분한데다가 야위었고 머리는 번개 맞은 듯하다. **와!!! 감탄.** 그러다 난감하게 눈이 딱 마주쳤다.

"에? 누구세요?"

아니! 이게 나란 말인가? 정말 완벽한 걸인(乞人)의 모습. 피골이 상접해 버렸다. 갑자기 웃음이 나온다. 이게 나란 말이지. 내 모습이 우스꽝스러워서 한동안 킥킥댔다. 하지만 맘에 든다. 여행을 하고 있다는 정상적인 증거이니까. '영광의 상처'니까. 말끔하고 정상적

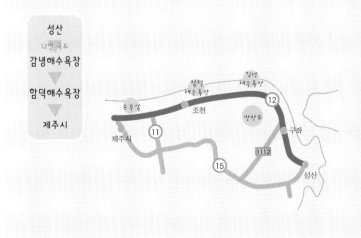

Travel Map

성산
12번 국도
감녕해수욕장
▼
함덕해수욕장
▼
제주시

인 모습이었다면 그것이야말로 비정상. 핼쑥해지니 좋은 점이 하나 있었다. 배에 '王'자가 보인다! 배에 있던 군살이 빠지면서 자연스럽게 나와 버렸다. 몸무게를 달아보니 4kg 정도가 빠졌다. 출발 전에 71kg 이었는데 지금 67kg 이다.

우선 이 꾀죄죄하고 덕지덕지한 모습은 벗어야겠다. 욕탕 문을 여는데, 문에 '세탁절대금지!'라고 크게 써 붙여 놨다. 그전엔 이런 것까지 써 붙이지는 않았던 것 같은데, 순간 움찔 했지만 나는 벼랑 끝에 서 있다. 지금 깨끗한 옷이 하나도 없다. 지금 빨래를 하지 못하면 땀에 절은 이 옷을 또 입어야 한다. 결국 모든 걸 깡그리 다 빨았다.

한숨 자고 일어나 뉴스를 본다. 찜질방에선 뉴스도 볼 수 있으니 좋다. 생각보다 심각하다. 태풍 '송다' 중심부 풍속이 150km/s 이다. 매우 큰 태풍이라고 한다. 벌써 제주도는 완전히 태풍으로 뒤덮여 지도에서 아예 보이지가 않는다. 다행히 빠르게 북동으로 이동 중이라 금방 지나갈듯하다.

번번이 태풍에 가로막히는 일정. 좌절감을 느낀다. 제주도에서 부산 가는 배는 하루에 한번 저녁 7시 정도에 있다. 내일도 배가 안 간다면 다음날 저녁까지 이틀간 제주도에서 있어야한다. 무엇을 할 것인가? 뭐든 해야겠지. 긍정적으로 생각하자. 내일 배가 안 간다면 좋은 점도 하나 있다. 내일 저녁에 아는 사람이 제주도에 온다. 학교 친구인데 미국에서 온 지인들을 가이드하기 위해서 온다. 일정

이 바쁘고 나와 전혀 다르니 함께 이동할 것은 아니지만 밥 한 끼 정도
는 같이 먹을 수 있을 것 같다. 지난번 아는 선배와 제주도에서 조우하
기로 했던 선약은 태풍으로 완도에서 배가 지연되면서 어긋나 버렸었는
데 그 아쉬움을 새로운 약속이 채워줄 것이다. 긍정적으로 생각하자.

　　자야할 시간. 잠이 오지 않는다. 자전거를 밖에 그냥 세워났는데
밤에 비가 올지 모른다. 자전거를 지하주차장으로 들어놓고 돌아와 잔
다. 매우 바람직한 선택이었다. 밤새 심하게 비가 왔으니 말이다.

여행준비물 체크리스트

- >> 자전거 용품류 : 예비타이어, 펑크패치, 공구세트, 속도계, 플래시 등
- >> 의복류 : 짧은 옷, 긴 옷, 우비, 속옷, 장갑, 고글, 슬리퍼 등
- >> 식량류 : 비상식량과 간식이 될만한 가벼운 것들. 예를 들면, 분말음식, 약간의 쌀, 육포 등 최대한 가볍게 해야 한다. 나는 참치 캔도 몇 개나 가져가는 등의 어리석음을 저질렀다.
- >> 생활용품류 : 칫솔, 치약, 수세미, 퐁퐁, 우산, 빨래집게, 휴지, 필기도구 등
- >> 전기제품류 : 휴대폰, 디지털카메라, MP3, 및 충전기와 건전지들
- >> 무거운 것 : 텐트, 침낭(나는 침낭대신 돗자리 선택), 코펠, 버너 등
  〈기타- 기초의약품, 의료보험증사본, 선크림, 지도책, 배낭 등〉

MP3 Player

나 같은 여행자들에게 필수품이 아닐까? 여행 때 쓰고 마는 물건이 아니기에 여행비용에 넣지 말고 하나 장만하는 것이 좋다. 다만 한 가지 생각할 점은 충전지 전용으로 하지 말 것!

신발

여행 준비를 하다보면 자전거용 전용 신발과 페달이 있다는 것을 알 게 될 것이다. 지금 하는 이야기는 그것과 관련이 없다. 물론 그 신발을 사용하면 여러모로 장점이 있다는 것을 알지만 단순히 자전거로 달리기만 하는 '마라톤경주' 가 아닌 여행을 할 것이라면 고려대상이 아니라고 생각한다. 물론 주관적인 견해이지만. 전국여행에서 특히, 여름 전후로 여행을 계획하였다면 슬리퍼가

하나 있으면 매우 유용하게 쓸 수 있다. 바다에서, 강에서, 또 어딘가에서 샤워를 할 때. 하지만 슬리퍼와 운동화 두 개나 준비한다는 게 부담스럽다면 아쿠아 슈즈가 하나의 대안이 될 수 있다. 나도 둘 중에 고민하다가 슬리퍼를 준비했는데 유용하게 썼다. 다만 뜻하지 않은 비를 많이 만나 신발이 다 젖어버려고생했다. 이럴 땐 아쿠아 슈즈가 매우 유용할 것이라고 생각된다.

텐 트

1인용, 1~2인용이 있다. 가격은 천차만별이다. 1인용. 몸만 쏙 들어가서 잘 수있는 작은 것은 1kg 정도 밖에 안하는 걸로 아는데 비싼 것 밖에 없는 건지내가 싼 걸 찾지 못한 건지 포기하고. 그리고 사실 짐까지 넣으려면 1인용은부적합하다. 1~2인용 가장 싸구려를 구입했다. 25,000원. 허접하기 짝이 없으나 부담 없이 쓸만하다. 2.5kg 정도의 무게다. 텐트가 허접해서 어떻게 쳐야할지 몰라 시도하다가 실패. 텐트가 불량이라고 판단. 송곳. 뺀지 등으로 개조하다가 치는 방법을 어느 순간 깨달음! 어이없음에 놀란 경험이.

휴대폰 충전

여행 중 휴대폰은 어떻게 충전했는지 물어오는 사람이 많았다. 편의점에서 급속충전을 했는지 궁금해 했다. 휴대폰 충전은 걱정할 일이 아니다. 모든 식당에서 밥을 먹으면서 충전하면 되고, 숙소를 잡아 잘 때 충전하면 되고. 며칠동안 텐트와 취사를 하여 충전하기 힘들면 공중 화장실에도 전기코드는 있다.즉 충전은 어려운 일이 아니다.

삼각대

카메라는 당연한 것이고, 혼자 여행 할 때는 삼각대가 필요하다. 혼자라면 짐이 이것저것 장난이 아닐 텐데 삼각대를 어떻게 가져갈 것인가? 진짜 작은 삼각대가 있다. 여행을 위해서 딱 맞는 삼각대. 크기는 한 뼘 정도, 무게도 가볍다. 남대문에서 5,000원이면 산다. 인터넷에서는 7~8000원정도.

제주시

오랜만에 푹 잔 것 같다. 밖에는 줄기가 굵은 비가 내리고 있다. 밤새 비가 왔다. 느긋하게 아침을 먹고, 마음의 준비를 하고 전화를 건다. 뚜르르르~ 뚜르르르~ 신호음이 가는 동안 가슴이 두근두근 거린다. 눈은 반짝인다. 통화를 한다. 그러나 몇 마디 나눠보지도 못한 채 고개를 떨구고 만다. 오늘도 배는 안 간다고 한다. 그럴 것 같았다. 밖에 이렇게 비바람이 부는데. 비가 언제 그칠지 모르는데. 오늘, 내일 이틀간 무엇을 할 것인가. 그리 할일이 많지는 않다. 배는 안 가지, 할일은 적지, 비는 오지. 아예 하루를 여기서 뒹굴뒹굴 거리며 자고 싶은 충동이 느껴진다. 찜질방 찾기도 힘든데. 허나 그럴 순 없지. 이 게을러빠진 녀석!

오전에는 느긋하게 비가 그치기를 기다려보고 비가 그치지 않으면 비를 맞고서 어딘가에 다녀야하겠다. 다행히 빗줄기가 약해지다가 개고 있다. 나의 계획과 의지에 반(反)하여 이렇게 태풍으로 일정이 틀어져 버리면 지금처럼 만사가 귀찮아지는 순간이 온다. '에라이 될 대로 되라!'

오늘 계획은 느긋하게 제주시에 있는 박물관을 둘러보고 이발을 하는 것이다. 그리고 자전거를 고쳐주신 송문준 사장님 숍에 들러서 인사드리고 저녁때는 친구들과 밥이라도 한 끼 같이 먹고 잠자리를 찾아봐야지. 짐을 챙긴다. 양말이 덜 말랐다. 양말뿐 아니라 완전히 마른 옷이 없다. 양말 하나만 드라이로 말리고 나선다.

제주시에서 이발하는데 옆자리에 한 외국인이 앉았다. 영국에서 온 영어선생이란다. 미용사가 대화의 어려움을 느꼈는지 그곳에 있던 유일한 손님이었던 나에게 도움을 청한다. 피차일반인데 어떨결에 통역관이 되었다.

"Shorter⋯ Shorter⋯ Shorter⋯"

"(??)아하! 여기서부터 깎으면서 점점 짧게 깎아 달라는 말이네요"

"확실해요? 틀림 책임 지세욧!"

부탁할땐 언제고 이 얼마나 섭섭한 발언인가. 그러나 나도 놀랍다. Shorter이란 단 세마디 말을 해석하는 데 놀라운 상상력을 동원했으니 말이다.

이발을 하고 제주항에 갔다. 혹시 표 매진될라 내일 거 미리 사놓

자. -..- 괜히 갔다. 당일 표만 가능하단다. 내일 표는 내일 와서 사야한다. 시간이 남는다. 떠나기 전 인사를 드리기 위해서 지난번 자전거를 손봐준 숍에 찾아갔다. 그냥 이런저런 이야기 조금 했다. 사장님이 손님들 대하시는 거 보면 존경스러울 정도이다. 이윤을 위한 장사가 아닌 것 같다. 좋아서 하시는 일 같고 왔던 사람들이 감동해서 다시 올수 밖에 없을 것 같다. 거상 임상옥이 말했던가? '이윤이 아니라 사람을 남기는 거' 라고.

　　오늘은 텐트를 칠 계획이다. 제주에서의 진짜 **마지막 밤**이니까. 제주 하늘 아래서 자야하지 않을까. 더구나 어제 푹 자지 않았던가. 오늘 한 것도 별로 없고. 그래도 숙소에 대한 정보는 가능하면 비상용으로 알아놓는 것이 좋다. 무슨 일이 있을지 모른다. 저녁에 지인을 만나는 스케줄이 있으니까 미리 텐트 칠 장소를 물색하러 다닌다. 용두암을 구경하면서 마음 속으로 대충 정해놓았다.

　　용두암을 구경하는데 혼자 있던 한 외국인에게 말을 걸어보았다. 그는 독일에서 왔다. 그도 자전거 여행을 좋아한다고 했다. 일본에서 자전거 여행을 한 경험을 들려줬다. 지도를 수시로 꺼내보는 것이 아니라 자전거 양쪽 핸들 사이에 지도를 고정해놓고 한글을 읽지 못함에도 불구하고 길 모양만으로 목적지를 찾아간다. 지도 보는 것이 고수(高手)다. 반면 하수(下手)인 나는 필 꽂이는 방향으로 우선 달려보고 아니면 돌아오고, 지도보기 싫어서 물어보며 간다. 미련하기가 이를 데 없다. 덕분에 **엄청 헤맸지만. 배워라 배워!**

　　암튼 그 청년이 하는 말 솔직히 50%는 못 알아들었지만 그냥 고개를 *끄떡끄떡*..... 아이 쪽팔려.

　　다른 외국사람들은 단지 인사 몇 마디만 해도 "you speak english very well"라고 말을 하는데 이 청년은 내가 못 알아듣는 걸 눈치 챘고 그런 입에 발린 소리를 하지 않았다. 대신 영어를 공부하려면 확실히, 지대로 하라고 충고를 해주었다. 충고 고맙다! I will

이제 약속시간이다. Ramada 호텔 로비에서 친구들을 기다린다. 호텔 끝장난다! 진짜 멋지다. 와.......태어나 엘리베이터, 에스컬레이터를 처음 탔을 때보다 더 감격하며 '헤헤헤...' 입에 침 질질 흘리며 구경했다. 외국인과 함께 친구들 도착.

소개를 하고 인사 나누었다.

"Hi!" / "Hi!"

"How do you do? I am $%#$^#^(윽...이름을 못 알아들었다)"

"My name is Sewook. but you can call me Sean"

"Oh, okay nice to meet you. Sean." / "nice to meet you, too."

okay!..........................여기까지!

이제 함께 밥을 먹는데 '영어'에 대한 심한 '압박'으로 인하여 밥이 코로 들어가는지 귀로 들어가는지… 아~ 소화 안된다.

그들은 먼저 돌아가고 나는 영어의 압박으로부터 해방될 수 있었다. 친구들과 나는 호텔에서 차를 마셨다. 아~ 이런 곳은 익숙치 않아~ 분위기가 너무 환타스틱해~ 헝그리한 여행 중 이 무슨 분에 넘치는 럭셔리함이란 말이더냐! 호텔 투숙객도 아니고 들어와 그냥 차만 한잔 마시는데도 정말 뭐라도 된 듯한 기분이다. 오늘은 이 호텔에서 나가 공터에 텐트를 치고 자야하지만 나중에 나도 이런 곳에 와야지. 럭셔리한 여행도 할 수만 있다면 마다하겠는가.

차를 마시고 바다를 보러나갔다. 혹 이런 일이 있을 것을 대비하여 1주일이나 제주도를 여행한 사람으로서 길을 미리 살펴두었다. 둘은 바다를 보고 좋아서 어쩔 줄 몰라 했고 나는 가이드가 된 기분이었다. 천천히 걸어서 용두암까지 갔다. 색깔 있는 라이트로 비춘 바닷물결은 아까와는 또 다른 매혹적인 분위기를 자아낸다. 둘은 분위기에 취해 바다 앞에서 노래를 부른다.

안타깝게도 붙잡을 수 없는 시간의 흐름. 어느덧 시간은 12시를 넘어섰다. 가야 할 시간이겠지. 그들을 호텔로 바래다주고 나는 돌아와 탁 트인 공터에 텐트를 쳤다.

파도소리가 들린다. 그리고 곧 파도소리만 들린다.

'엄마가 섬 그늘에 / 굴 따러어 가면 /
아기는 혼자 남아 / 집을 보다가 /
바다가 불러주는 / 자장 노래 /
팔 베고 스르르르 / 잠이 듭니다.'
―섬집 아기―

지금 정말로 동요가사처럼 파도소리가 편안한 자장가로 들린다. 비록 오늘 제주도를 떠나지 못했지만, 지금 마음엔 만족감이 흘러넘친다. 여행 중 만남의 기쁨은 새로운 활력소다. 내일은 확실히 제주도를 떠날 수 있을 것이다. 내일이야말로 진짜 제주도에서의 마지막이 될 것이다.

가슴이 두근거린다. 날이 춥다. 오늘밤이 조금 걱정된다.

내 발길이 머문 곳

'제주민속자연사박물관'

오 지쟈쓰! '산갈치'(자갈치 종류) 4.5m!!! 실제 제주해안 부근에서 잡힌 것을 박제로 만들어 놓았다. '고래상어' 6.5m, 4톤짜리, 고래상어는 최대 20m짜리도 있다고 한다. 고래상어를 이렇게 박제로 떠놓은 것 처음 본다. 「콘티키호 표류기」라는 책을 어렸을 때 감명 깊게 읽었다. 간단히 말하면 태평양을 뗏목으로 넘는 이야기인데 고래상어 이야기가 나온다. 사실 한동안 가상의 동물일지 모른다고 생각했었는데. 아무튼 멋지다! 그밖에 '대왕쥐가오리' 4.5m 1톤, '돌묵상어' 8.6m, 4,500kg.

이 모든 100인분 이상 울트라 왕 초大짜 메뉴들(가격산출 불가능)은 제주바다에서 우연히 어부의 손에 잡힌 것들을 기증받아 박제로 만들어 놓은 것이다. 무시무시하다. 모형이 아니라 박제라 더욱더. 나는 지구상에서 이런 생물들과 함께 살고 있는 것인가. 문명화된 사회, 도시에 살면서 한번도 이런 생물들과 같은 지구상에 살아가고 있다는 것을 생각해 본 적이 없었다. 이야, 바다에 무서워서 어떻게 나가나?

다음은 '국립제주박물관'

입장료는 24세까지 단돈 200원. 그 이상 400원.
표를 사는데 아니 이 사람이!
"도대체 왜 내가 24세로 보이지 않는다는 겁니까?"
신분증 제시를 요구한다.

이곳은 주로 역사적인 유물들이 전시되어있다.

제주도에서의 마지막 날, 부산입항

제주 >>>>> 부산

으~, 밤새 추위에 떨었다. 이제 텐트도 슬슬 치기 힘들어짐을 느낀다. 밤에 추워서 잘 수가 없다. 텐트 자체가 극도로 허접한데다가 이불이 없다. 그냥 긴팔 하나 입고 자는 게 전부이니 추위에 맞서기엔 역부족이다. 너무 추워서 새벽엔 비옷마저 꺼내 입었다. 6시에 일어났다. 외진 곳이 아니라 대로변이기에 사람들이 많이 몰리기 전에 일어나야했다. 짐 정리 후 밥을 해야겠는데 물을 구할 수가 없다. 슈퍼란 슈퍼도 문을 연 곳이 없다. 할 수 없이 어제 지나가면서 눈여겨 봐둔 공

원으로 이동. 이곳엔 식수가 있다. 허나 취사하는 게 상당히 껄끄럽다. 간단히 짜파게티 하나로 때웠다. 이른 시각이지만 부지런한 동네 아줌마, 아저씨들이 나와서 체조를 한다.

물 끓기를 기다리며 지압, 아니 족(足)압이라 해야 할 듯. 그런 자갈길을 걷는데 발이 아파 정말 어기적어기적, 엉거주춤! 그런데 아줌마들은 성큼성큼 걷는 것도 모자라서 누워서 이리로 데굴데굴 저기로 데굴데굴. 으하하하, 미치겠다. 역시 대한민국 아줌마는 '짱'이다.

한 아주머니는 내가 구석에서 라면을 끓이는 것과 내 몰골을 보더니 여행하냐고 묻는다. 그러더니 "집에서 김치 좀 갖다 줘야겠다"며 일어나신다. 아~ 감동!!

그러나 내가 극구 말렸다. 말씀은 정말 고맙지만 김치 들고 다니는 건 상당히 불편해서. No thank you였지만 그 마음은 그대로 Thank you입니다. 진짜 말씀만으로도 너무 고마웠다.

오늘은 특별한 계획은 없지만 그냥 내륙으로 진출해서 목장에 가보려 한다. 날씨도 매우 화창하다. 이렇게 좋은 날씨를 맞게 된 것이 나쁘진 않지만 떠나는 날 날씨가 너무 좋으니까 좀, 아니 꽤 억울하다. 이 날씨였으면 우도도 가고 이곳저곳 가봤을 텐데. 너무 아쉽다. 못 먹는 감 찔러볼 수도 없고. 차라리 오늘까지 비바람이 쳤다면 덜 억울했을 것이 솔직한 심정이다.

먼저 항구에 가서 표를 미리 사놓았다. 오늘은 배가 확실히 간다. 전화로 물어보았을 때 절대 매진 안 되니까 괜찮다고 했지만 곧이곧대로 믿었다가 피를 보는 건 나다. 미리 사놓아야만 맘이 편하다. 그리고 이 무거운 짐을 벗어 놓고 다니고 싶어 자전거 숍을 찾아갔으나 문이 닫혀 있다.

다시 항구로. 윽! 아까 생각했어야 했는데 내가 자주 들었던 "머리 나쁘면 평생고생"이라는 말은 좌우명으로 삼을 만큼 진리이다. 시대와 장소를 떠난 진리인 것이다. 다시 항구에 가서 라커에 짐을 넣어놓고 출발! 왔다리갔다리....벌써 몇 km를 달린 것이냐?

일차 행선지는 명도암 관광목장. 가는 길은 좁은 편도 1차선 도로인데 갓길 0%인데다가 only 오르막길. 스트레스 이빠이다. 차도 굉장히 많이 다녔다. 이제 어느 정도 적응은 되었지만 이런 길은 정말 싫다. 도착. 은근히 기대했는데 최악이다. 별 볼일 없다. 신혼부부들이 단체로 와서 사진을 찍는다. 아니, 사진 찍힘을 당하고 있는 걸지도.

'제주도의 푸른 밤'의 가사가 떠오른다.

'♪신혼부부 밀려와 똑같은 사진 찍기 구경하며~~~?'

양들은 좀 있는데 사람들이 친숙한지 와서 비비려고 한다. 생각보다 더럽다. 이놈들. 그나저나 나는 그곳에서 투명인간과 같았다. 다른 손님들의 눈에 띄지 않고 혼자만의 시간을 보냈다. 오르막을 많이 올라 힘들어 앉아 쉬는데 햇빛이 쨍쨍이라 아직도 덜 마른 빨래를 자전거에 널어 놓고 나도 모르게 잠이 들었다. 일어나보니 내 바로 옆에서 말들이 풀을 뜯고 있다. 그런데 이 말들은 너무 겁이 많다. 내가 일어나니 모조리 도망간다.

아무튼 힘들게 올라온 보람이 없다. 더 올라가면 '소인국미니월드'와 '산굼부리'가 있는데 의욕상실. 산굼부리는 볼만한 곳이라고 생각했지만 느릿느릿 움직여서 시간적으로 너무 빡빡해서 포기. 내려간다. 진짜 힘들게 올라온 왔던 길을 거의 한 것도 없이 내려가려니 좀 찜찜하다. 짜파게티 하나로 지금까지 버텨온 몸이 백기를 흔든다. 몸이 으슬으

슬 춥고 떨리는 게 덜컥 겁이 난다.

얼른 식당으로 들어가 닭곰탕을 시켰다. 제대로 만난 식당이다. 푸짐한 양에 알아서 밥 두 공기 챙겨주고 4천 원짜리 밥에 반찬만 9가지나 된다. 느긋이 밥을 먹으며 주인아주머니의 자식자랑 이야기를 듣는다. 자랑스럽게 말하는 모습이 보기 좋고 또 그 이야기도 듣기 좋다. 23살이라는 젊은 나이에 제주도로 시집을 와서 고생하며 자식만 바라보고 살아오셨다는데 자식에 대한 따스한 감정까지 전달된다.

밥 먹기 전 자전거에 널어놓은 빨래, 결국 다 말랐다. 덜 마른빨래 들고 다니며 널었다, 집어 넣었다를 반복했었다. 고생했다. 빨래들도 수고 많았다. 핸드폰 충전도 완료. 무엇보다도 **체력 충전 완료!**

삼양해수욕장으로 핸들을 돌린다. 내리막길 신나게 달렸다. 삼양해수욕장은 매우 독특한 모래를 가지고 있다. 검은 빛깔의 모래. 어째서 이런 모래가 생겨났는지는 모르겠지만 철분이 함유되어 있다는 것 같다. 그래서 여름에 각종 관절통과 신경통에 좋다고 이곳으로

모래에 내 이름 석자도 써보고
좋아하는 글귀도 써본다.
이런 한가로움이 좋다.
파도는 내가 무슨 글을 썼는지 궁금함에
참지 못하고 밀려든다.
첫 번째 파도가 나의 글을 확인하고 지나가고
두 번째 파도가 가고.
뒤늦게 밀려온 파도들은 내가 무엇을 썼는지 알지 못한다.

모래찜질을 하러 오는 사람이 많다고 한다. 그래서인지는 모르겠지
만 지금 내 눈에 보이는 것은 해수욕장을 채우고 있는 사람들이 버리
고 간 쓰레기들. 그러나 모래만큼은 너무 멋지다. 모래만으로도 아
름다운 곳.

검은 모래에 파도가 밀려왔다 가면 햇빛을 받아 반짝거린다. 신을 벗고 파도에 두 발을 내맡긴 채 천천히 거닐어 본다. 모래에 내 이름 석자도 써보고 좋아하는 글귀도 써본다. 이런 한가로움이 좋다. 파도는 내가 무슨 글을 썼는지 궁금함에 참지 못하고 밀려든다. 첫 번째 파도가 나의 글을 확인하고 지나가고 두 번째 파도가 가고. 뒤늦게 밀려온 파도들은 내가 무엇을 썼는지 알지 못한다.

몇 시간 후면 제주도를 떠난다. 막상 떠날 생각을 하니 아쉬운 마음에 하릴없이 모래와 바다만 바라본다. 이제는 슬슬 떠나야 할 시간. 자전거 숍 사장님 드릴 음료수와 배 안에서 먹을 음식 등을 사고 자전거 숍에 방문했다. 정신없이 바빠셔서 인사만 하고고 나왔다.

마지막으로 제주도에서 먹는 식사. 좋은 음식을 먹고 싶다. 특히 한치를 먹고 싶었다. 식당에서 한치정식을 시켰다. 7,000원, 여행 중 한 끼에 7,000원은 부담스러운 가격이다. 다행히 아주머니께서 5,000원으로 쉽게 깎아 주셨다.

해안도로를 달리며, 항구에서 한치잡이 배와 한치 말리는 모습을 많이 보았다. 제주도 한치는 꽤 유명하다. 사실 한치회를 먹고 싶었는데 어쩌다 정식을. 부적절한 선택. 오징어 볶음 같은 스타일로 요리되어 나오는데 맛은 있지만 회에 대한 아쉬움이 남는다.

한치가 왜 한치인가? 오징어랑 비슷하게 생겼는데 이유는 다리가 한치 밖에 안 되기 때문이다. 그만큼 숏다리라는 의미이다. 너무 싱겁나?

항구에서 짐을 찾고 승선. 드디어 떠난다, 제주도. 이제 또 한번 새로운 시작이다. 앞으로 가야할 길은 지금까지의 길보다 훨씬 험난할 것이다. 마음을 새롭게 다잡아야 할 것이다. 지금까지 달린 거리 1,000km 조금 못 미친다. 목표는 2,000km.

さよなら！(사요나라) 제주도!

3등실. 완전 개판 5분 전 아니 개판 5분 후이다. 허나 그들은 아무도 아랑곳하지 않는다. 익명성의 무서움이랄까? 어른아이 할 것 없이 먼저 자빠져 자면 장땡이다. 개중에는 적응 못하고 구석에 조용히 쭈그려 앉아있는 사람들도 있다. 이 분위기, 오히려 지난번 2등실, 그룹지어 소수를 배척 할 수 있는 그 분위기보다 낫다. 같은 가격이라 하더라도 난 다시 3등실을 택할 것이다.

배로 가야할 시간은 장장 11시간 정도. 저녁 7시에 출발하여 다음날 아침 6시에 도착한다. TV에선 한국과 베트남 축구경기. A매치다. 그러나 도무지 볼 마음이 나질 않는다. 화질은 70년대 화질이고 주위는 너무 어수선하고 시끄럽다. 잠시 나와 오락실에서 오락을 두어 판 했지만 도무지 흥이 나질 않는다. 돌아와서 축구경기 소리와 그걸 보는 사람들의 시끄러운 소리에도 불구하고 눕는다. 자는 게 남는 거다. 새벽 4시쯤 일어났다. 혹시 바다 한가운데서 별을 볼 수 있을까하고 나가보았는데 구름이 끼었다. 아쉽다. **바다 한가운데서 별을 본다면 어떨까.** 예전 선원들은 위치를 파악하기 위해서도 별을 보았겠지만 바다 한가운데서 하늘을 수놓는 별 아래 있음에 가슴 벅찬 환희에 젖곤 했을 것이다. 수천 년이라는 긴 시간 동안 이 바다를 항해해 온 사람들은 별을 보면서 무엇을 생각했을까. 별들과 어떤 이야기들을 주고받았을까.

별 하나에 추억과
별 하나에 사랑과
별 하나에 쓸쓸함과
별 하나에 동경과.....

모두가 알고 있는 유명한 시구처럼 별 하나, 하나에 육지에 두고 온 사랑하는 가족들의 이름을 하나씩 불러보지는 않았을까.

배의 조명만 없다면 바다 한가운데에서는 인공조명들, 광해(光害)가 전혀 없을 것이다. 그에 더해 완벽하게 탁 트인 시야, 즉 주위를 차단하는 방해요소 또한 전혀 없다. 난 아직 그런 환경에서 별을 본 적이 없다.

보통 이런 경우, 즉 제주도와 부산처럼 11시간이나 걸리는 경우가 아니라면 바다 한가운데서 밤하늘을 맞이할 일은 거의 없을 것이다. 따라서 지금은 정말 흔치않은 기회이자 경험이다. 그런데 구름이 가득한 하늘에서 별들을 보지 못한다는 것은 너무 안타까운 일이었다.

아쉽지만, 아무것도 보이지 않는 바다를 바라보는 것만으로도 가슴 설레는 일이다. 지금 갑판엔 아무도 없다. 파도는 뱃머리까지 따라와 철썩인다. 파도는 파아란 빛깔인줄 알았는데 이 파도는 검다. 분명 무언가 말하려 하는데 알아듣지 못하겠다. 나의 상상력의 부족함으로. 대신 잠시 저 아래의 파도를 바라보는 것과 강한 바람은 필요하지 않은 상상을 불러일으킨다. **'만약 떨어지면?'**

이곳에선 누구하나 빠진다고 해도 아무도 알 수 없다. 일부러 뛰어들지 않는 이상 빠질리야 없겠지만. 하지만 놀라운 건 갑판에 술병이 널브러져 있었다는 사실이다.

아니 어떻게 이런 곳에? 술 먹고 사고 나는 것은 모두 본인의 잘못이겠지만 말이다. 같은 한국인으로써, 같은 안전불감증이라는 병을 앓고 있는 사람으로서 같은 환자들을 냉소하고 싶은 순간이다. 정말 지금 내가 내려다보고 있는 이 바다에 빠지면 시체도 못 찾을 것 같다.

보통 이런 경우, 즉 제주도와 부산처럼 11시간이나 걸리는 경우가 아니라면 바다 한가운데서 밤하늘을 맞이할 일은 거의 없을 것이다. 따라서 지금은 정말 흔치않은 기회이자 경험이다. 따라서 바로 이 순간 구름이 가득한 하늘에서 별들을 보지 못한다는 것은 너무 안타까운 일이었다.

돌아와 눕는다. 곧 어수선해진다. 이는 항구가 가까워져 온다는 신호이다. 부산이라……

슬슬 새로운 시작을 준비하는 마음이 설레임에 두근거리고 긴장도 된다. 짐을 챙기고, 갑판에서 혼자 있는 남자에게 사진도 부탁하고 말도 걸어보았다. 바나나와 요구르트를 건네니 장장 11시간 배를 타서 속이 머쓱거려 죽겠다며 고개를 저었다. 그는 이런 배를 처음 타보았다는데 배안이 이렇게 개판일 것이라고는 상상을 못했다고 했다.

이런저런 이야기를 주고받다가 주위를 보니 한사람도 없다. 다 내렸다. 뭐야?! 안내방송도 없이 내리다니. 어이없게시리.

부산에서 맞이하는 아침. 이제 여행은 세 번째 국면으로 접어들었다.

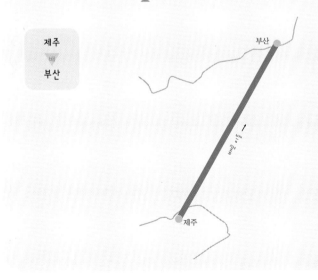

배편정보 (제주도, 마라도, 우도)

1) 완도 ↔ 제주

구 간	시 간	비고
완도 → 제주	15 : 00 (한일카훼리 1호) 일요일 휴항 16 : 00 (한일카훼리 2호) 토요일 휴항	소요 시간 3시간 30분
제주 → 완도	08 : 20 (한일카훼리 2호) 일요일 휴항 09 : 00 (한일카훼리 1호) 일요일 휴항	문의 (061)552-0116 (064)757-0117

2) 목포 ↔ 제주

구 간	시 간	비고
목포 → 제주	09 : 00 (씨월드고속훼리)	매주 월요일 휴항 소요 시간 5시간 30분
제주 → 목포	17 : 30 (씨월드고속훼리)	문의 (061)243-0116 (064)757-0117

3) 부산 ↔ 제주시

구 간	시 간	비고
부산 → 제주	19 : 30 (동영고속 6호) 월, 수, 금 19 : 00 (세모고속 3호) 화, 목, 일	소요 시간 12시간
제주 → 부산	19 : 30 (코지아일랜드호)	문의 (051)469-0117 (064)757-0117

4) 송악산 ↔ 마라도

구 간	시 간	비고
송악산 → 마라도	10:00 / 11:30 12:00 / 14:30	마라도 체류시간 1시간 30분 (마지막항차 : 1시간)
마라도 → 송악산	12:00 / 13: 30 15:00 / 16: 30	문의 (064)794-6661

5) 성산 ↔ 우도

구 간	시 간	비고
우도 → 성산 (하절기)	07 : 30 / 08 : 00 / 09 : 00 10 : 00 / 11 : 00 / 12 : 00 13 : 00 / 14 : 00 / 15:00 16 : 00 / 17 : 00 / 18 : 00	하절기 4, 5, 6, 7, 8, 9월 동절기 10, 11, 12, 1, 2, 3월 문의 (064)783-2333
성산 → 우도 (하절기)	08 : 00 / 09 : 00 / 10 : 00 11 : 00 / 12 : 00 / 13 : 00 14 : 00 / 15:00 / 16 : 00 17 : 00 / 18 : 00 / 18 : 30	
우도 → 성산 (동절기)	08 : 00 / 08 : 30 / 09 : 00 10 : 00 / 11 : 00 / 12 : 00 / 13 : 00 14 : 00 / 15:00 / 16 : 00	
성산 → 우도 (덩절기)	08 : 30 / 09 : 00 / 10 : 00 11 : 00 / 12 : 00 / 13 : 00 / 14 : 00 15 : 00 / 16 : 00 / 17 : 00	

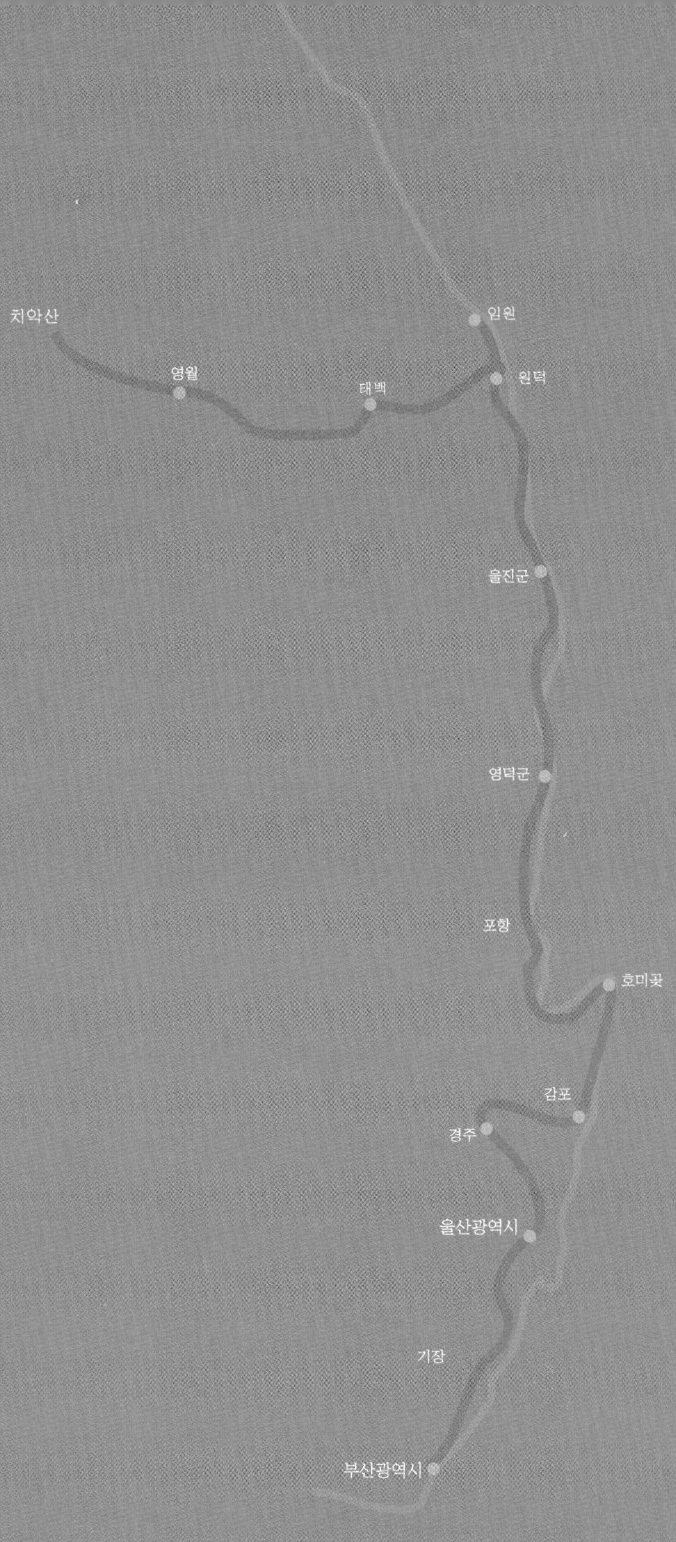

치악산

영월

태백

임원

원덕

울진군

영덕군

포항

호미곶

감포

경주

울산광역시

기장

부산광역시

Part 3

부산에서 영월까지

9/9   또다시 달려야한다

부산 >>>>> 울산

부산의 이른 아침. 거리는 조용하다. 24년간 한국에서 살면서 부산 땅을 처음으로 밟아본다. 하지만 이런 대도시에는 머물고 싶은 생각은 없다. 자전거로는 절대.

오늘 할 일은 정해져 있다. 이곳으로 이사 온 아는 분께 인사를 드리러 갈 것이다. 사실 부산을 그냥 지나치려고 했지만 아는 사람을 만

난다는 것으로 부산 방문에 의미부여를 하려한다. 그러나 사는 곳이 어디인지 위치를 모르는 상황이다. 어젯밤 문자를 보내고 오늘 전화까지 했지만 연락이 되지 않는다. 난감하다. 이 넓은 부산 어디쯤인지. 아무튼 그분을 찾아뵙고 오후에 울산까지 가서 후배네 집에서 하룻밤 신세질 예정이다. 후배는 지금 서울에 있지만 친절하게도 부모님께 연락해서 하루 묵을 수 있도록 배려해 주었다.

연락이 되었다. 위치는 알겠다. 지도를 보고 찾아가면 된다.

슬슬 이동해야겠다. 이곳은 대도시니까 시간이 얼마나 걸릴지 가늠하기 힘들다. 거리상으로 크게 먼 거리는 아니지만 찾아가는 길이 쉽지는 않을 것 같다. 목적지는 양정동. 남포동에서 직선코스로 이동한다. 차도에서 인도로, 인도에서 차도로. 역시 도시다. 서울 시내보다 더 심하다고 느껴질 정도로 복잡하다. 신호등이 거의 없고 지하도와 육교가 많다. 길을 잘못 들거나 방향틀기 힘들어지면 육교와 지하도로 자전거를 들쳐메고 다녔다. 자전거+15kg의 짐을 들고 계단 오르락내리락 몇 번하면 힘이 빠진다.

길. 정말 징그러웠다. 오늘 도로로만 따진다면 정말 충격

적으로 힘든 하루였다. 양정까지는 가다보니 그래도 빨리 도착한 것 같다. 문제는 그곳에서 아는 분 댁을 찾아가기까지. 아, 다시 생각하고 싶지 않다. 그 도심 속에서 길을 헤매기 시작하니 걷잡을 수가 없었다. 분명히 반경 수km이내에 위치해 있는데 한참동안 그것을 찾지 못하고 빙빙빙 돌때의 심정. 위치를 설명해도, 길을 물어보아도 이곳 완전 초행인 나로썬 헷갈릴만한 소지가 다분하다. **끔찍했다.**

마지막 순간까지 동, 호수를 잘못 알아서 엉뚱한 집 앞에서 벨을 누르다가 그냥 돌아갈 뻔했다. 마지막으로 뵌 것이 거의 2년이 되어 간

앨범 속에 펼쳐진 섬민이의
20년이 넘는 여정(旅程)을 지켜보면서,
나의 이번 여행이 끝난 후
내가 해야 할 더 많은 일들이 남았다는 사실을
일깨움 받았다.

다. 잠시 숨 좀 돌리며 과일을 대접받는다.

그리고, 아! 감격스런 집에서 해 준 밥!!!! 과일 한 접시를 혼자 다 먹고도 잘만 들어간다. 그렇게 점심을 먹으니 일순간 졸음이 쏟아진다. 허나 긴장이 풀어지는 걸 허락할 수 는 없는 법. 이미 충분히 신세졌다. 더 몸이 늘어지기 전에 일어났다.

이제 지금까지 온 시내길보다 더 먼 거리를, 이 악몽 같은 도시를 벗어나야 할 시간이다. 출발. 순조롭지 않다. 몇 분도 지나지 않아 내 모든 정신과 육체는 단 한 가지의 목적을 위한 생각에 의해 지배당한다.

'최대한 빨리 이곳을 벗어나자!'

어느새 이 단 하나의 생각마저도 떠오르지 않는다. 아무생각 없이 달리는 무아지경의 상태에 도달한다. 힘들어도 쉬고 싶지 않으며 끊임없이 계속 달릴 힘이 나온다. 앗! 이건 좋은 것인가? 나쁜 것인가? 힘들어도 힘든 줄 모르는 것. "고행 끝의 득도"란 이런 것이란 말인가?

드디어 처음으로 표지판에 '울산'이라는 두 글자가 나왔다. 부산을 거의 벗어났다는 의미로 받아들일 수 있겠다. 울산까지 앞으로 44km. 이제 한숨 돌리고 쉬엄쉬엄 가도 3시간이면 갈 수 있는 거리다. 화물차는 징그럽지만 다행히 슬슬 갓길이 나오기 시작한다. 14번 국도.

이 정도면 만족해야지. 가다가 바나나를 버렸다. 멀쩡했던 바나나가 부산 시내 길을 달리며 덜컹덜컹하는 충격만으로 형체조차 알아볼 수 없게 문드러졌다.

이제 길은 편안하다. 왠지 내가 올라간 것보다 더 많이 내려간 듯한, 날로 먹은 느낌이 들 정도로. 그래서 예상보다 일찍 울산에 도착.

이곳 역시 태어나서 처음으로 와보는 도시다. 큰 도시이기에 시내를 다니는 것 역시 괴로웠지만 크게 힘들이지 않고 후배네 집을 찾았다. 이제는 길을 물어볼 때 그 사람이 대답하는 모습을 살펴보게 된다. 얼마나 확신을 가지고 대답하는지, 얼마나 자세히 대답하는지. 그리하여 그 말을 그대로 믿을지 말지 판단하게 된다. 지금까지 너무 많이 당해서. 역시 같은 아파트 이름을 대면서 세 번 물어봤는데 세 번 모두 알려준 위

Travel Map

치가 달랐다. 마지막 분은 대답하는 모습이 뭔가 다르다. 확실히 알고 설명하는 것을 느낄 수 있었기에 그대로 따랐다. 찾았다.

후배, 성민이 어머님은 잘해 주었다. 우선 씻고, 빨래도 맡기고, 간식도 넙죽넙죽 다 받아먹고. 저녁까지 먹으니 행복감에 고복격양(鼓腹擊壤)!

성민이 어머님께서 전공서적보다 훨씬 크고 두툼한 앨범 여러 개를 들고 왔다. 앨범을 넘길 때마다 안 그래도 우량한 녀석의 덩치가 커져간다. 그런데 얼굴은 변화가 없다. 애기 때나 지금이나 똑같이 생겼다.

이녀석, 배울 점이 많은 녀석이다. 무엇보다도 **새로운 것에 대한 도전정신!** 어렸을 때부터 가 보지 않은 곳이 없고 도전해 보지 않은 한 일이 없을 정도로 두루 섭렵하였음을 앨범은 이야기해 주었다.

앨범 속에 펼쳐진 성민이의 20년이 넘는 여정(旅程)을 지켜보면서, 나의 이번 여행이 끝난 후 내가 해야 할 더 많은 일들이 남았다는 사실을 일깨움 받았다.

여행중 식사와 요리

자전거 여행은 체력소모가 많기 때문에 하루 세끼 식사는 기본이고 많은 간식을 먹어야 한다. 매끼 혹은 점심식사만이라도 사먹을 생각이라면 여행계획을 짜기가 쉽지 않다. 관광지 주변은 비싸고 도심을 벗어나면 심히 배가 고픈데 식당을 찾지 못하는 경우가 왕왕 생긴다. 이때 라면생각이 간절할 것이다. 조그마한 시골가게에서 라면 몇 개 사서 가게 앞 의자에 앉아 끓여 먹는 라면 맛이 웬만한 음식점 요리보다 훨씬 낫다. 때로는 가게 주인아주머니가 김치를 주시고 갈 때 먹으라며 밑반찬도 싸주신다.

즉 여행 때 직접 해 먹는 즐거움은 번거롭더라도 여행을 더욱 기억에 남게 한다. 나는 짐이 많음에도 불구하고 나름대로 최대한 많은 경험을 해보고자 하는 목표가 있었기에, 일부러 코펠, 버너, 가스를 모두 짊어지고 다녔다.

식사계획은 여행인원에 따라 많이 달라질 것이다. 인원이 많다면 매번 식사를 해 먹는 것이 전혀 어렵지 않고 시간도 많이 소비되지 않는다. 짐에 대한 부담도 줄어든다. 누군가 밥을 하는 동안 나머지 사람은 텐트와 짐을 정리하면 되기 때문이다. 그러나 인원이 적은 경우 특히 혼자일 경우에는 가져가야할 짐의 부담이 매우 늘어나며 그에 더해 매끼 식사를 준비한다는 것은 지나치게 번거로운 일이다. 따라서 장소와 시간이 허락한다면 해먹는 즐거움을 누리되 필요한 경우 사먹는 것도 좋다. 특히 영양보충이 필요할 때나 어느 특정 지역만의 별미가 있다면 먹고 보자!

약간의 관광, Heavy rain 예고편

울산 >>>>> 구룡포

늦잠을 잤다. 정말 꿀맛 같은 단잠이었다. 집에서 자면 마음이 편안해서 잠을 설치지 않고 잘 수 있기에 정말 좋다. 아침을 먹고 어디로 갈지 궁리하고 있는데 성민이 어머니께서 차로 울산을 한바퀴 구경시켜 주고 경주도 구경시켜 준다고 하였다. 원래 울산이라는 도시를 구경할 계획은 없었으나 차로 한바퀴 돌면서 구경한다면 나 혼자서 할 수 없는 기회이자 좋은 경험이 될 것 같아 그렇게 하기로 결정했다. 자전거 바퀴를 빼고 차에 실었다. 이번엔 밴에 실었다. 트렁크가 확

실히 넓지만 바퀴를 빼지 않고 넣기는 힘들다. 승용차는 앞뒤 바퀴 다 빼야지 실을 수 있는 반면 밴은 앞바퀴만 빼고도 넣을 수 있었다.

울산을 돌아보는데 울산은 '현대'의 도시라고 해도 과언이 아닐 정도로 모든 것이 현대와 관련이 되어있다. 현대자동차, 현대중공업 및 그 계열사들의 공장이 가득했고 이곳 경제는 그것들을 바탕으로 돌아간다. 차들은 장난감처럼 늘어서 배에 선적되었다. 하나씩 배에 오르는 것이 순간 노아의 방주에 동물들이 타는 모습을 연상시킨다. 실제로 그런 광고도 있었다. 미국에서 본 TV 광고였는데, 노아의 방주에 동물들이 짝을 이뤄 하나씩 타고 마지막으로 자동차 두 대가 나란히 오른다. 정말 이 아이디어에 떠억 벌어진 입을 다물지 못했었다.

선박 조립 등에 쓰이는 거대한 기구들. 골리앗이라는 별명을 가지고 있다고 하는데 기계에 새겨진 알파벳 하나가 사람보다 크다고 한다. 이런 공업단지를 구경한 것은 처음이다. 내부까지 자세히 구경한 것은 아니지만 바깥으로 지나가며 휙 둘러본 것도 흥미로운 경험이 되었다.

이곳에서 정주영 회장이 대단했다는 걸 새삼 느꼈다. 「시련은 있어도 실패는 없다」라는 책을 통해 읽었던 기억이 있는데 거의 잊고 있던 일화 하나를 설명해 주었다. 아직 배를 만들 수 있는 준비조차 갖추지 못한 상태에서 선박을 수주 했다는 일화이다. 믿기지 않는 이야기다.

비가 고양이처럼 살금살금 다가온다. 경주에 갔는데 불국사를 지나칠 수 없다기에 가 보았다. 학교 다닐 때 이곳에 한 번도 온 기억이 없다. 한국에서 중·고등학교에서 나온 사람이면 수학여행 등으로 경주를 안 가 봤을리 없을 텐데 말이다. 그런데 이곳저곳 공사하느라 벌어진 자재들은 눈살을 찌푸리게 만든다. 공사와 관계없이 문화재와 관광객의 안전거리를 위한 키 낮은 울타리는 녹슬고 페인트가 벗겨져 있었다.

어디에서나 보는 그 철조물 말고 딴 걸로 해야 되지 않았을까. 정말 센스없다.

확실히 여행은 많이 알고 보는 사람에게 더 큰 선물을 준다. 물론 이번 여행 전에도 같은 생각으로 내가 지나갈 지역, 장소에 대한 조사를 하고 싶었는데 워낙 이번 준비기간이 촉박해서 못 했다. 다음번에 다른 여행을 할 때에는 시간적 여유를 가지고 미리 하나라도 더 알고 보아야겠다. 그렇다고, 모른다고 머뭇머뭇 주저할 것까지는 없다. 우선 부딪히면서 배우고, 느끼고 마음에 담아 두었다가 나중에 다시 조사하고 공부한다면 그것으로 됐다. 한 가지 확실한 건 내가 그거 다 조사할 때까지 출발을 미뤘다가는 지금 이 여행기를 쓸 일도 없었을 것이라는 것.

비가 내리고 있지만 외국인들이 참 많았다. 중국, 일본, 미국 및 유럽인으로 추정되는 개인 여행객들까지. 사방팔방에서 '얄리얄리 얄라성

얄라리 얄라' 그들만의 대화 소리가 들려온다. 이후 보문단지를 둘러보았다. 비는 점점 굵어진다. 보문호수, 인공호수 임에도 꽤 넓고 괜찮다. '신라의 달밤 촬영지' 라는 팻말이 써 있는데 영화는 봤는데 기억은 안 난다.

오늘 정말 큰 신세를 졌다. 나중에 후배 녀석에게 고스란히 이 은혜를 되갚아야 주어야겠다. 감포까지 부탁드려서 왔다. 이제 또 나의 길을 떠나야할 시간이 되었다.

그런데 비가 많은 정도가 아니라 진짜 '장난 아니게' 쏟아진다. 노아 홍수의 시작인가. 이 빗속을 뚫고 달릴 수 있을까. 마음이 자꾸만 약해져간다. 배은망덕도 분수가 있지, 하루 더 부탁드리고 싶은 마음이 목젖까지 올라온다. 허나, 가야지 가야지. 가야한다는 그러한 압박감이 등을 세차게 떠민다.

쓰레기봉투로 배낭을 감싸고 비옷을 입고, 출발. 눈앞을 가릴 정도의 폭우. 경주에서 울산으로 곧장 가면 정말 가깝다. 1~2시간이면 갈 수 있는 거리였다. 하지만 호미곶. 전국일주에서 이 부분을 빼놓기가 아쉬워 가 보려 마음먹었다.

출발 5분 만에 모든 것이 젖었다. 신발 속까지 전부다. 잠정적인 목적지는 구룡포. 앞으로 30km. 지금 3시가 넘었으니 해지기 전까지 가능한 거리다. 고작 30km 달리자고 이 고생을 해야 하는 건가 하는 후회가 막심했다. 맑은 날씨에 30km는 1시간 30분밖에 안되지만 이때의 1시간 30분은 심각하게 길게 느껴졌다.

오른쪽에 동해바다가 보인다. 파도의 철썩거리는 모습이 반가워 달려드는 강아지 같다. 아니, 이 거대하고 위대한 대자연 앞에서 강아지라니…. 어쨌건 **동해다!** 서해, 남해, 제주도의 모든 바다를 거쳐 이제 동해란 말이다.

'와 동해 바다다!!!' 하고 '신난다~ 신난다~' 어색하게 외쳐보지만 그 외침은 빗줄기에 묻혀 버리고 말았다. 나를 응원하려는 파도의 끊임없는 외침도 빗줄기에 묻혀 들리지 않는다. 가는 길에 늘어선 모텔과 민박들은 끊임없이 나를 유혹했다. 돈만 내면 갈수 있다. 출발한지 30분도 안되어서 그런 유혹에 시달렸다. 하지만 그 정도 유혹에 넘어갈 만큼 나약하진 않으니까. 구룡포 마을회관에서의 일박(一泊)을 시도해 보았다. 어차피 아무도 살지 않는 장소. 하루 밤만 쓰면 되는데 또 거절당했다. 잠자리를 찾으러 돌아다니는데 이 작은 읍에 전혀 예상치 못한 장소에 기대하지 않았던 엄청 큰 찜질방이 하나 있다. 근래에 생겼다고 한다.

이것저것 생각할 겨를이 없다. 이 폭우 속에서 텐트 치는 건 상상할 수 없다. 이제 안도가 된다. 지금 이 기분이 사막을 여행하다 오아시스를 만난 여행자의 심정과 망망대해에서 육지를 발견한 선원의 심정과 비슷하지 않을까하는 약간의 과장된 생각도 해 본다.

시설, 너무 좋았다. 또 '세탁절대금지' 표지판이 나를 막아보려 하지만 빨래는 해결. 문제는 운동화인데 빨래할 때부터 미묘한 주인과의 신경전이 장난이 아니다. 비옷 살짝 걸어놓은 것도 엄청 태클 건다. 운동화를 빨기가 귀찮았지만 시도를 하니 엄청나게 강력한 태클이 들어온다. 어떻게 할 것인가.

"그럼 내일 이거 신고 다시 나가라구요?"

"……"

그건 니 사정이라고 말할 정도의 인정사정없는 사람이 아니라면 쇼부를 볼 수 있다. 낼까지 놔뒀다가 아침에 드라이로 말리기로 쇼부를 봤다. 정말 깐깐한 주인이다. 지나다닐 때 나만 쳐다본다. 감시의 눈을 떼지 못 하는 것이다.

후~, 오늘 정말 악몽 같은 라이딩. 셋째 날이었던가. 김제 가던 날, 그날도 이렇게 비를 맞았다. 그때 비가 훨씬 강도가 약했다. 오늘 맞은 비는 그때에 비할 바가 아니다. 그때는 비를 맞으면서도 한편으로는 즐거웠다. 웃음도 나왔다. 하지만 오늘은 아니었다. 웃음이 나올 상황이 아니었다.

이때까지만 해도 상상도 못 했다.

이런 비를 여행이 끝나는 날까지 맞게 되리라고는.

진짜 Heavy rain

구룡포 >>>>> 영덕

　9월11일. 아침에 일어나 오늘이 9월11일인가? 하면 늘 한번씩 머릿속을 스쳐지나간다. '9·11테러가 난지 3년 지났군.' 하는 생각.

　이제 찜질방은 익숙한 곳이 되었나보다. 어젯밤 잘 잤다. 7시 기상. 신발을 말리는 데만 1시간. 이제 8시. 주인아저씨와 서로 인상 구기면서 말린 소중한 신발. 그러나 밖에 내리는 비는 그칠 줄 모른다. 이대로 신발을 신고 나간다면 1시간 동안 말린 보람도 없이 10분 만에 젖어 버릴 것이다. 도저히 이 신발을 다시 신고 나갈 수가 없다. 그래서 신발을 소중히 담고 대신 샌들을 신었다. 한두 시간 자전거 탈것이 아니기에 샌들은 불편하고 위험할 수도 있지만 또 막상 닥치면 잘 해낼 수 있으니까. 일단 가보자.

　구룡포 시내를 지나 지방도 929번을 타고 한 17km 정도 달리니 **호미곶**이 나왔다. 사진을 찍어야 하는데 비가 너무 많이 와서 카메라를 꺼내는 것조차 힘들다. 카메라의 생명을 담보로 두어 컷 찍었다. 이 두어 컷에 카메라 수명이 단축되었을 것이다. 당연히 셀프카메라. 이 빗속에 사람이 있을 까닭이 없기에.

　그래도 여기까지 왔는데 사진만 찍고 갈 순 없지. 어떤 고생을 하며 온 곳인데. 한반도에서 가장 먼저 해가 뜨는 곳. 멀리 바다를 바라본다. 1분도 지나지 않았는데 도저히 추워서 못 있겠다. 이곳에는 유명한 조각이 있다. 손 조각인데 하나는 바다를 바라보고 바다에 있는 또 다른 손은 육지를 바라본다. '상생과 화합'을 상징한다고 한다. 인위적인 조각상이지만 자연과 어우러져 거부감을 주지 않는 것 같다.

등대박물관으로 발걸음을 돌렸다. 잘 꾸며져 있다. '등대'라는 단어는 단지 사전적 의미만이 아닌 무언가 많은 이야기가 함축된, 다양한 감정의 느낌을 주는 단어이다. 또한 사람들이 많은 의미를 부여하는 단어이기도 하다. 그런 등대에 대해서 아는 것 보단 모르는 것이 많은 나. 이곳에서 등대에 대해 정말 자세하고 다양한 점들을 알 수 있었다.

바로 옆에는 해양 박물관이 있다. 이곳도 맘에 들었다. 다양한 물고기들의 표본. 이름은 들어봤지만 어떻게 생긴 고기인지 알 수 없었던 궁금증을 해결해 준다. 항해 시뮬레이션게임도 재미있었다. 조금만 더 업그레이드 한다면 오락실에 내놓아도 될 정도다.

아하! 박물관들을 지나다가 깨달았다. 호미곶이 왜 호미곶인지. 한반도를 호랑이로 묘사한 그림에서 그 꼬리 부분이 바로 이 지형이다. 따라서 虎尾(호랑이 꼬리)곶인 것이다. 상식적인 걸 모르고 있었다.

　　이만하면 됐다. 이제 출발하려 문밖을 나서는 순간, 정말 뼛속까지 시릴 정도의 추위가 몰려온다. 이가 달달달 부딪힌다. 비에 젖은 몸에 비바람이 분다. 달려서 진정시키는 수밖에 없다. 힘껏 페달을 밟아 체온을 높여 이 위기 상황을 극복했다. 구룡포에서 호미곶까지의 929지방도는 무난하게 달릴만한데 호미곶에서 포항으로 가는 길은 정말 짜증날 정도로 돌고 도는 언덕뿐이다. 날아갈 듯한 비바람에 기우뚱거리고 언덕을 만나면 달리는 속도가 느려지기 때문에 다시 추위가 엄습해 온다.

　　'이러다 감기 몸살 나는 거 아니야? 앞으로 일정도 많은데 오늘 이쯤에서 쉬는 게 어때?'

　　마음 속에서 자꾸 이런 소리가 들린다. 그러나 나는 갑자기 마음속이 아닌 실제로 큰 소리로 외쳤다.

　　"이정도로!?…………이정도로!?"

　　"대답해!! 이정도로?!"

　　남들이 들으면 미친놈인줄 알았겠지. 이렇게 큰 소리로 외치고 나니 힘이 솟는다. 약해 빠진 나의 반쪽은 찌그러졌다. 도로 우측으로 보이는 동해안이 조금은 나의 기분을 달래 준다. 바라보는 것만으로도.

　　31국도를 만나 포항 진입에 성공. 그런데, 앗! 이럴 수가!!! 구룡포를 지나오지 않았던가. 구룡포 부근을 지날 때만 해도 **'과메기'**

라는 것을 먹어보리라 단단히 벼르고 있었다. '과메기', 먹어본 적이 없다. 하지만 그 소문은 익히 들어서 알고 있다. 그렇게 맛있다는데. 과메기는 청어 또는 꽁치를 말린 건데 말리는 과정이 인상적이다. 겨울에 해풍을 견디며 얼었다 녹았다를 반복해야 한다. 그 과정에서 그 맛이 탄생한다고 한다. 물론 지금은 여름이다. 계절상 맞지 않은 음식이다. 그러나 과메기하면 구룡포가 아니던가! 실제로 구룡포 부근 지나가는 간판마다 과메기란 단어를 볼 수 있었다. 그런데 점심때 먹어야지 하고 마음놓고 있다가, 잠시 잊어버렸다. 비바람에 시달리다가 가장 중요한 걸 잊어버리다니. 어처구니가 없다. 다시 정신을 차리고 과메기를 찾아보려하니 이미 과메기를 파는 식당은 찾을 수 없었다. 이럴 수가! 이럴 수가!

식당이 있는 마을이 나온다. 하는 수 없다, 하는 수 없다. 꿩 대신 닭이라도. 오늘 점심은 기필코 삼계탕이라도 먹어야지라고 생각하자. 과메기는 아쉽지만 삼계탕 국물이 눈앞에 어른거리기 시작한다. 그러나 삼계탕 집마저... 찾을 수가 없었다. 그렇게 그 마을을 지나쳤다.

다음 마을에서 아직 1시밖에 안되있는데 중, 고등학생들이 길거리에 넘쳐난다. 왜지? 왜지? 한 1분 고민한 것 같다. 아.....오늘이 토요일이었구나. 날짜와 요일 관념을 잊고 지나는 경우가 잦아지고 있다. 나를 힐끔힐끔 쳐다보는 시선이 느껴진다. 모자에 선글라스 우비를 입고 샌들을 신고 짐을 가득 실은 자전거를 타고 가는 모습이. 나는

지금 즐거움을 선사하고 있다. 저 사람들에게. 저 앞에 한 무리의 여고생들이 몰려온다. 순간 안면근육이 제멋대로. 표정관리에 들어갔다. 바로 그때다. 한 여고생이 소리쳤다.

"오빠! 파이팅!"

안면 마비가 풀렸다. 표정관리가 안된다. 씩 웃고 말았다. 나도 저런 소리를 들어보는구나. 사실 오빠라고 외쳤는지 아저씨라고 외쳤는지는 잘 기억이 나지 않지만. ㅎㅎㅎ

드디어, 삼계탕 집을 발견했다. 먼저 삼계탕 되느냐고 물어보지 않고 앉은 다음에 삼계탕을 주문했다. 진짜 제대로 된 삼계탕이 나왔다.

밥 한 공기를 추가시켜 국물 한 방울까지 싹싹 비웠다. 늘 그랬지만. 이렇게 훌륭한 식사를 먹었는데 밥값은 해야겠지. 오늘 무조건 영덕까지 간다.

포항도 큰 도시다. 껄끄러운 시내를 지나고 기분 좋은 7번 국도. 그 유명한 7번 국도다. 갓길 넓은 것만으로도 감사한다. 쭉쭉 달린다. 지독하게 춥다. 이가 달달 떨린다. 잠시라도 쉬면 추위를 견디기 힘들기에 쉴 수도 없었다. 6시경, 영덕에 도착했다. 오늘 벌써 100km를 넘게 달렸다. 영덕 대게로 잘 알려진 곳. 읍이라 이곳엔 찜질방이 없다. 아니 있긴 하지만 24시간 영업이 아니다. 이후의 모든 경험을 통해 지방의 읍 단위에는 24시간 찜질방이 거의 없다는 걸 알게 되었다.

한 10km 더 가면 있다고 하는데 그동안의 경험을 살려 들어본 결과, 확실히 알고 설명하는 것 같지 않다. 대충 어디서 들은 것 가지고 설명하는 것 같다. 이런 불확실한 정보에 10km를 맡길 것인가. 폭우로 텐트에서 야영은 불가능하다. 그런데 만약 10km 갔다가 없으면 난 오밤중에 '이 아이를 찾아주세요!'에 후보로 등록된다. 한참을 더 가야 사람 사는 큰 마을이 나올 테니까. 대신 1~2km 더 달려서 근처 마을에 가 보았다. 마을회관, 다시 시도다.

이번엔 될 것 같다. 느낌이 좋다. 그런데 문제는 열쇠를 가진 이장님이 어디 나가서 안 들어온다는 것이다. 잠깐 기다리는데 밤늦게 들어온다고 주변 사람들이 말한다. 발길을 돌릴 수밖에 없었다. 할 수 없다. 어차피 일부러라도 한 번 정도는 자 보려고 했었으니 모텔에서 잘 수밖에. 모텔에 찾아갔다. 하룻밤에 35,000원. 좀 심한 거 아닌가. 20,000원에서 25,000원 예상했는데, 오늘이 주말이기 때문에 비싸다고 한다. 할 수 없지. 단칼 승부. 15,000원에 쇼부를 봤다. 오늘은 럭셔리하게 자겠군.

먼저 샤워와 빨래. 그리고 나가서 참치, 계란, 라면을 사와서 방에서 밥을 했다. 이곳에서 밥 하면 아마도 안 되겠지? 윽! 그런데 이런, 밥

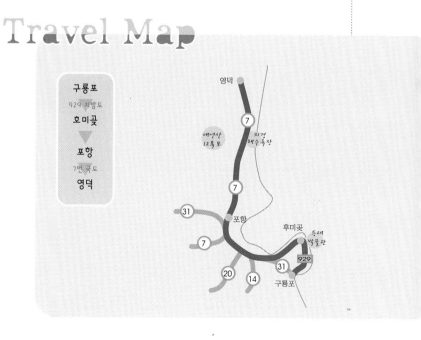

을 태웠다. 밥 탄 냄새가 진동을 한다. 최대한 밖으로 냄새가 안 새어나가게 난리 법석을 피웠으나 바로 전화가 온다.

"손님, 방에서 밥 하셨죠?"

"아… 네."

"방에서 밥하시면 안 됩니다!!!"

벌써 했는데 어쩌겠는가? 진짜 어이없다. 아직까지 밥을 한 번에 성공한 적이 없다니! 나 여행자 맞아?

그건 그렇고 내일은 과연 비가 그칠 것인가? 비 때문에 빨래가 잘 안마르겠지만 그래도 가져온 빨래줄을 드디어 방안에 설치하여 빨래를 널어놓고 잠이 들었다.

등대 이야기

세계최초의 등대.

기원전 280년 무렵, 이집트의 프톨레마이오스 왕조에 의해 알렉산드리아항 입구에 있는 파로스 섬에 세워졌다고 한다. 이후 무려 1,600년간 선원들의 길잡이가 되었다가 지금은 지진으로 파괴되었다고 하는데 이 등대가 주의를 끄는 것은 세계최초라는 것도 있지만 그것보다도 세계 7대 불가사의 중 하나라는 것이다. 높이가 120M. 무려 55km 밖에서도 불빛이 보였다고 하니, 놀랍다. 2300년 전에 세워진 등대인데 말이다.

그럼 한국 최초의 등대는 무엇일까?

1903년 6월 인천항 입구에 세워진 팔미도 등대라고 한다. 높이 약 8M, 불빛은 10km 밖에서 식별할 수 있다고 한다. 조금 전 세계최초의 등대의 규모에 놀라지 않을 수 없는 이유이다. 그 밖에도 내가 보고 온 마라도 등대, 지금 서 있는 호미곶 등대도 흥미롭게 보았다.

파로스등대

지구상에서 가장 먼저 세워진 등대는 지중해의 알렉산드리아 항 입구에 있는 파로스 섬 등대이다. 이 등대는 세계 7대 불가사의 중의 하나로, 기원전(BC) 약 280년 무렵 이집트의 프톨레마이오스 왕조 때 건축가 소스트라투스에 의해 세워졌으며, 그 불빛을 55km 밖에서 볼 수 있었다고 한다. 이후 1600년 동안 선원들의 길잡이가 되었던 파로스 등대는 두 차례의 지진으로 파괴되어 지금은 그 모습을 볼 수가 없다.

Paros Lighthouse

The world's earliest lighthouse is Paros lighthouse, stationed at the entrance of the port of Alexandria in the Mediterranean sea. The lighthouse, one of the seven wonders of the ancient world, was built by the architect Sodiratus of Egypt Ptolemaic Kingdom around B.C. 280.

파로스등대

그냥달린날,첫번째펑크

영덕 >>>>> 원덕

7시 기상. 그러나 9시까지 방안에서 밍기적거렸다. 아직도 비가 오니 가기가 정말 싫다. 오늘 코스가 애매하다. 이대로 7번 국도를 타고 더 올라갈 것인가. 아니면 내륙으로 들어가 안동을 지나 강원도 내륙을 관통하여 위로 올라갈 것인가. 안동으로 가는 34번 국도의 상황에 맡기기로 했다. 물어봐서 34번 국도가 갓길이 있는 무난한 길이면 그리고 가고 아니면 갓길 넓은 7번 국도 타고 더 올라가고.

나가서 길을 물어보니 34번 국도에 갓길은 없다고 트럭운전수가 알려주었다. 마음이 약해져서 결국 편안한 7번 국도를 타고 말았다. 그렇다. 어느새 나약해져 있었다. 34번 국도가 갓길 없는 힘든 길 일 것이라는 것 때문에 겁을 먹고 편안한 7번 국도를 타고야 만 것이다. 그런 나약함으로 한번 가 보고 싶었던 안동이란 지역을 포기하게 되었다. 물론 갓길 없는 국도를 다니는 것은 짜증나고 힘이 든다. 더구나 위험하다. 하지만, 하지만, 왠지 변명으로 들린다. 어제 종일 비를 맞지 않고 탔더라면 지금쯤 의욕이 넘쳐 안동으로 갔을지도 모르겠다. 이것도 변명으로밖에 들리지 않는다. 고생을 하기 위한 여행이라면 절대 잊지 말아야 할 것!

"순간의 편안함은 훗날의 후회를 남긴다.
그러나 순간의 괴로움은 훗날의 만족을 남긴다."

내가 한 말이다.

7번 국도를 타면서도 34번 국도로부터 내가 도망친 것 같은 죄의식과 부끄러움에 오늘 150km 이상 달려서 '삼척까지 가보자! 죽어라고 달려보자!'라고 마음먹었다. 하지만 너무 늦게 출발한 탓에 삼척까지는 못 갔다. 어제의 모진 비바람에 자전거는 하루 사이에 완전 중환자가 되었다. 백미러 조여 놓은 것은 벌써 풀어져서 백미러의 기능상실, 체인 오일이 비에 씻겨 내려가 삐거덕거리는 소리, 자전거의 모든 구석구석에 모래가 잔뜩 끼어서 사각사각 갈리는 소리, 기어변속이 제대로 안되고 있다. 이건 100% 주인 잘못 만난 탓이다. 비 맞고 그렇게 탔으면 청소를 해 줘야 하는데 어제 피곤하고 귀찮고 해서 안했다. 솔직히 지금까지 자전거 청소를 한번도 해 준 적이 없다. 자전거가 나를 고소해도 할 말 없다.

비는 약하게 온다. 어제 샌들을 신고 달렸더니 발등이 쓰려서 운동화로 갈아 신었다. 달리다가 도로변 과일 판매하시는 분들께 복숭아 2개, 사과 1개, 배 1. 획득!

병곡 부근에서 비가 갑자기 굵어져 주유소 처마 밑에서 비를 피하는데 한 직원이 와서 내 짐 뒤에 실린 2리터 생수병을 가리키며 묻는다.

"채워 드릴까요?"

난 당연히 농담인줄 알았다.

"만땅이요" 웃으면서 답을 했다.

그랬더니 정말로 생수병에 기름을 담으려고 하는 것이 아닌가. 어처구니가 없었다. 농담 아니었냐고 하니까 진담이었다니. 그렇게 담아가는 사람도 있나보다. 7번 국도를 계속 달리면서 머릿속을 떠나지 않는 고민. 울릉도에 갈 것인가 말 것인가. 머릿속에서 왔다갔다한다. 갈까 말까, 갈까말까. 태풍으로 시간이 지연된 것과 너무 비싼 뱃삯과 추가비용의 이유로 결국 단념하긴 했는데 지금 생각해 보면 조금 아쉽다. 우도에 못 들어간 건 더더욱 아쉽다.

점심 먹을 때는 훌쩍 지났다. 아침도 정말 부족하게 먹었는데. 그러나 울진까지 가서 쉬리라 마음먹는다. 오늘 삼척까지 가려면 밥 먹는 시간도 아까우니까. 가는데 점점 힘들어진다. 속도가 나질 않는다. 내가 지쳐서 그런 줄 알았는데 결국 뒷바퀴에 바람이 거의 없는 것을 발견했다. 도대체 언제부터 바람이 빠진 것이었는지. 펑크인지 아닌지 확신이 안서기에 우선 바람을 넣고 다시 달렸다. 천천히 다시 빠진다.

와!!! 드디어 펑크가 났다. 솔직히 내심 기뻤다. 왜냐구? 지금까지 1,300km 가까이 달리면서 한 번도 펑크가 안 나서 '이러다 서울 갈 때까지 펑크가 안 나는 거 아냐?' 하고 걱정(?)을 했기 때문이다. 여행하면서 펑크 한 번 안 때워 본다면 말이 안 된다. 만약 마지막까지 펑크가 안 나면 압정을 길에다 놓고 일부로 밟아서라도 펑크 내려고 생각하고 있었으니까.

지금까지 내 손으로 펑크를 수리해 본 적이 한번도 없다. 자전거로 전국을 여행한다는 사람이 말이다. 출발 전에 이론적으로는 대충 알아놓았다. 이제 실전에서 사용하는 것뿐. 이번 건 펑크는 맞는 것 같은데 바람이 이렇게 천천히 빠지는걸 봐서 구멍을 눈으로는 못 찾을 거라는 생각이 들었다. 이런 걸 '실펑크'라고 한다. 물이 있으면 구멍을 쉽게 찾을 수 있는데 길가에서 물 구하고 코펠에 물 넣고, 그런 과정들이 번거로울 것 같아 바람을 넣고 달리고 넣고 달리고를 반복하며 울진까지 갔다. 그곳 자전거 숍에 가서 해결하기 위해. 자전거가 중환자가 되서 손봐야 할 곳이 많기 때문이다.

그렇게 약 10분~15분 간격으로 바람 넣기를 대여섯 차례. 드디어 울진에 도착했다. 자전거포를 찾았으나, **이런 된장!** 정말 지지리도 복도 없다. 오늘 일요일이라 문을 닫았다. 그것도, 정기휴일이라서가 아니라 어쩌다 가끔씩만 일요일에 닫는다는 것이다. 허탈함에 문 닫은

Travel Map

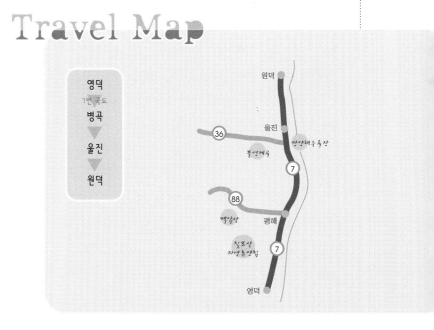

가게 앞에 주저앉았다. 허나 시간은 멈춰주지 않으므로 근처 카센터에서 대야를 빌려 물을 떠다 펑크를 때웠다. 구멍이 너무 작았기에 눈으로는 찾을 수 없었다. 하지만 물에 넣으니 바로 뽀글뽀글. 펑크수리 너무 쉽다. 사포로 문지른 후 패치만 붙이면 OK! 다시 물에 넣어 테스트를 하고 넣으면 끝!

벌써 오후 4시가 넘었다. 지금까지 달린 거리가 한 80Km정도 되고 앞으로 삼척까지 남은 거리도 약 80Km정도 된다. 삼척까지 해지기 전에 도착하는 건 포기할 수밖에 없는 상황이다. 할 수 없다. 일단 원덕까지는 가야한다. 펑크를 수리하고 얼마 안가서 또 펑크가 났다. 펑크를 잘못 때워서가 아니라 커다란 대못이 박혔다. 기다란 못이 순간적으로 세워진 채 바퀴를 찌를, 아주 적은 확률에 당첨 된 것이다. 하루에 두 번 펑크 날 확률에도 당첨되었고. 사실 한 번이건 두 번이건 상관없지만. 결론부터 말하면, 이날 펑크 세 번 났다. 대못이 튜브를 관통해서 무려 네 군데나 구멍이 났다. 패치로 또 때우고 가는데 또 바람이 센다. 아까 그 못에 찔린 부근이 조금 불안했는데, 확실치는 않지만 그쪽 부분일 것 같다. 이번에도 바람이 천천히 빠지기에 그냥 달렸다.

수시로 바람을 넣어가면서 원덕 도착. 이곳에 도착하기 전, 정말 무시무시한 오르막을 하나 넘었다. 이름 있는 산도 아닌데 일개 언덕이 이렇게 무시무시할 줄이야. 넘고 보니 강원도의 경계였다. '웰컴 투 강원도'.

아! 감격. 드디어 강원도에 진입했구나.

달리면서 느낀 건데 읍과 읍, 군과 군, 도와 도의 경계 사이에는 큰 언덕이나 산들이 있다. 과거에 그런 경계로 지역을 구분했으리라 생각이 되므로 당연한 것일 것이다. 따라서 길을 가다가 이런 높은 산과 언덕들을 경계를 지날 타이밍에 만난다면 다음 지역으로 넘어가는구나 하고 생

각하면 된다.

원덕에 도착하자마자 우선 텐트를 칠만한 자리를 물색해 두었다. 밥을 먹으며 마을 사람들과의 대화를 통해서 많은 정보들을 알아내었다. 아쉬웠던 건 내가 강원도에서 가 보려던 시골장이 오늘이었다는 것. 산간내륙지방의 시골장에는 뭔가 해안가와 다른 것이 있을 것이라는 기대감이 있었는데. 그 지역 주민이 아닌 이상 어디서 언제 장이 서는지 알기가 힘들다. 결국 시골장은 후일을 기약. 내가 또 하나 해 보고 싶었던 것은 새벽에 항구에 가서 갓 잡아온 생선으로 회 먹기. 이곳에서 10km만 더 가면 나온다고 했다.

좋다, 내일 한 가지 스케줄이 생겼군. 내일 일정은 대강 감 잡았다. 내일은 버스를 타고 태백으로 갈 예정이다. 태백까지 거리가 얼마 되지 않기에 버스를 탄다는 것이 좀 아깝단 생각도 들지만 어차피 한 번은 타리라고 마음먹었던 거니까. 내일 버스에 자전거 실어보기를 성공하면 기차만이 남게 된다.

읍사무소에서 자보려고 가 보았으나 안에 사람이 있는 것 같은데 나오지 않는다. 결국 텐트로 결정. 내일쯤이나 텐트를 택배로 부칠 예정이다. 앞으로 남은 일정은 7일 정도 밖에 안 되고 무엇보다도 추워서 텐트에서 자기가 너무 힘들다. 오늘밤에도 큰 비가 올지 모른다는 일기예보가 있었으나 지금까지 지고 온 게 억울해서 안 자고는 도저히 택배로 부칠 수 가 없었다. 텐트에서 안 자고 무려 300km를 지고 왔는데 고이 보낼 수는 없지.

비가 오더라고 비를 피할 수 있을만한 곳에 텐트를 쳤다. 내일은 아침 일찍 일어나 회를 먹으러 간다. 회에 대한 기대감에 흡족하다. ㅎㅎㅎ

시마노 (SHIMANO) 란?

자전거 전문 동호회 사이트에서 이것저것 조사할 때 참 난감한 것 중 하나는 알지 못하는 용어들이 넘쳐난다는 것이다. 그 중 많은 용어는 이 SHIMANO 사와 관련이 있다.

시마노? 어디선가 많이 들어본 것 같지 않은가? 그렇다. 거의 모든 자전거에 이 용어가 쓰여있다. 시마노는 간단히 말해서 일본의 전문 산악자전거 부품 생산회사의 이름이다. 이 회사는 거의 모든 자전거 부품에서 절대적이며 독보적인 위치에 있으면서도 자체브랜드의 자전거는 만들지 않으며, 그러면서 낚시용품은 생산하는 재밌는 회사이다.

초보들을 당혹스럽게 했던 시마노와 관련된 용어들은 바로 XTR, XT, LX, DEORE, ALIVIO, ACERA 이다. 이 외에도 몇가지 더 있으나 크게 신경 쓰지 않아도 된다.

이 용어들은 부품들의 등급을 나타낸다. 나중으로 갈수록 하위급 모델이다.

ACERA급은 일반 라이더에게 산악자전거의 느낌을 전해 줄 수 있는 정도의 등급이라고 한다. 따라서 일반적으로 산악자전거는 ACERA급에서 출발한다. 일반적으로 ACERA급이라고 하면 입문용 산악자전거로 대략 50만원 안팎의 가격대이다. 가격대 성능비가 좋다고 하는 것은 사람마다 의견이 다르지만 DEORE급이라고들 한다. XT, XTR급으로 가면 가격대가 엄청 높아진다. 그런데 부품마다 급을 다르게 할 수 있다. 예를 들어 변속레버는 DEORE급, 브레이크는 XT급, 뒷드레일러는 XTR급 등으로 달라질 수 있기 때문에 한마디로 가격대와 성능을 말하기는 어렵다. 상위급 모델을 타본 적은 없지만 자전거여행에는 전체적으로 ACERA, DEORE급이면 충분하다고 생각한다.

원덕 >>>>> 태백

5:20분 기상. 재빠르게 라면을 끓이면서 짐을 정리했다. 6시에 출발할 계획이므로 빨리 가야한다. 여기서 10km 정도 떨어져 있다고 했으니까 30분이면 갈 것이다. 원래 항구에 배가 들어오는 시각은 훨씬 빠른 걸로 알고 있는데 요즘 이 항구는 이 시간대에 가면 된다고 했다.

어제 세 번이나 펑크가 났기에 튜브를 아예 새 걸로 갈아 끼웠다. 드디어 스페어 튜브를 사용하는구나. 출발하려는 순간. 뒷 브레이크의 미세조정나사가 튕겨져 나갔다. 비바람을 견디어내느라, 그 무거운 짐을 이겨내느라 많이 삐거덕거리더니 결국 나사가 하나 빠졌다. 시간이 없기에 그냥 출발했다. 조심해서 가야겠다.

10km 밖에 안되는 거리인데 정말 압권이다. 언덕 또 언덕. 처음부터 끝까지 언덕인줄 모르고 초반에 급한 마음에 힘을 다 써버렸다. 그리고 **비마저 오기 시작한다.**

항구에 도착했다. 분주하다. 항구에 왔지만 이런 경험이 처음이기에 도대체 뭘 어디서 어떻게 해야 하는가. 갈팡질팡 하다가 생선을 샀다. 숭어와 오징어 한 마리를 사서 그 자리에서 회를 떴다. 너무 많이 샀다는 걸 알게 되었을 땐 이미 늦은 것. 옆에 있던 바람잡이 아저씨에게 말렸다.

"숭어 한 마리로는 혼자 먹기 부족하지."

한 마디를 던지던 아저씨. 이때는 드디어 상상으로 그리던 걸 시도한다는 기쁨에 들떠서 막 산 것 같다. 회를 사들고 근처 슈퍼에서 초고추장과 일회용 접시를 구입. 비가 오는 관계로 근처 건물 아무곳이나 들어가 계단에 판을 벌였다. 하지만 최악이다. 자리는 불편

하고, 아무래도 진짜, 진짜 이건 아니다. 몇 점 먹지도 않고 다시 엉덩이

를 턴다.

비가 다시 살짝 그친 듯. 근처 바다가 보이는 곳에 돗자리를 깔고 판을 벌였다. 운치 있게시리. **역시 넌 로맨티스트야!** 쉽게 말하면 또 혼자 분위기를 잡아보는데 얼마 먹기도 전에 또 다시 비가 온다. 양이 너무 많아 결국 반도 다 못 먹은 상태에서 허둥지둥 치우다가 초고추장을 엎고, **시츄에이션이 지나치게 배드하다.** 이 시츄에이션, 잊지 못할 것 같다. 사태를 수습하고 남은 회를 과감히 버렸다. 아깝다는 생각조차 들지 않았다. 그리고 비를 피해서 근처 PC방으로 도피. 한 시간 동안 앉아서 몸과 마음을 정비했다. 지금까지 너무 어수선해서 정신 사나웠다. 잠시 차분히 마음을 진정시키기. **휴... 휴....**

다시 나가 횟집거리를 둘러보았다. 길가에 횟집이 쭉 늘어서 있는데 집 앞마다 물고기들을 큼지막한 대야에 담아 놓아서 종류를 공부했다. 사지도 않을 거면서 횟집마다 들어가 '아주머니 저건 뭐예요? 얼마예요?' 물어보고 한 군데서 다 묻기 미안하니까 옆에 가서 또 묻고.

시간이 일러서 그런 것일까. 손님 하나 없이 정말 썰렁하다.

난 로맨티스트?

또다시 자전거 받침대가 부러졌다. 제주도에서 달았던 걸 조심조심해서 사용했는데. 그래도 오래 버텼다. 근처 공사장에 용접하는 사람이 있기에 용접을 의뢰했더니, 회생불가 판정을 내린다. 받침대야 바이~바이~. 할 수 없이 받침대를 버리고 다시 임원으로 돌아간다. 왔던 10km를 돌아가려니 정말 막막하다. 같은 오르막과 내리막을 반복해야 한다니.

임원에 도착. 오늘은 나에게 버스 티켓이라는 선물을 준비한 날이다. 태백까지. 버스를 한 번 타기는 타야겠는데 앞으로의 일정 중에 버스 탈만한 일이 없을 것 같았고, 며칠 동안 비를 많이 맞아서 오늘은 푹 쉬려고 마음먹었기에.

버스를 기다리며 길가에서 과일을 깎아 먹고, 시간이 남아 이리저리 여유 있는 느린 걸음을 옮겨본다. 원덕읍. 작은 읍이지만 큰 문제를 놔두고 양분된 모습이 보인다.

"선각자는 고향에서 환영받지 못한단 말입니까?"

"핵폐기장이 영광된 유산이면 당신 집 쓰레기는 가보로 삼겠는가?"

"등따시고 배부르니 아무 걱정 없나보다."

"천혜의 땅 원덕은 어느 누구도 감히 훼손할 수 없다!"

원자력 발전소 폐기물 처리장 유치문제로 온 동네가 플랜카드로 덮여 있다. 찬성하는 쪽과 반대하는 쪽이 건 플랜카드들. 아직은 이런 문제를 직접적으로 겪어보지 않았기에 특별히 생각해 본 적이 없지만 내가 이곳 주민이었다면 어떻게 했을까하는 생각이 스친다.

이제 버스를 타야할 시간. 자전거 싣기 가뿐히 성공. 역시 쉽다. 언제든지 편하게 자전거를 실을 수 있다. 다른 여행기들을 통해 시외버스에 버스를 실을 수 있다는 것을 알고 있었지만 해 보기 전까지는 감이 잘 오지 않았다.

'백문불여일견'(百聞不如一見), '백견불여일행'(百見不如一行).

태백으로 이동하는 416지방도, 평탄한 길이다. 태백까지의 거리 50km. 이렇게 평탄한 길을 보면서 그냥 자전거로 갈걸 그랬나하는 후회가 든다. 이왕 버스 타는 거 좀 힘든 구간에서 타면 좋을 텐데. 416지방도가 평탄하기는 했지만 태백으로 들어가는 입구에서 무시무시한 괴물을 하나 넘었다. 태백이 고지대에 위치한 도시인만큼 역시 하나는 넘는구나. 이 무시무시한 괴물을 넘은 것만으로도 버스를 탄 보람을 찾을 수 있을 정도로.

태백에 와서 밥을 먹고 찜질방을 찾았다. 미리 짐을 풀고 시내에서 자전거도 손 좀 보고 한가히 돌아다닐 계획으로. 처음 겪는 문제는 아니지만 묻는 사람마다 알려주는 찜질방이 다르고 같은 찜질방을 다른 이름으로 알고 있고, 위치도 달라진다. 바로 근처에 있는 곳을 찾는데 빙빙 돌아서 30분을 헤맸다. 결국 찾았다.

하지만 나는 뒤로 넘어져도 코가 깨질 사람인가보다. 어제는 모처럼 간 자전거포가 쉬더니 오늘 찾은 찜질방은 한 달에 하루 있는 정기 휴일이다. 우와, 신기하다. 허탈감에 웃음도 안 나온다.

찜질방은 시내에 이곳 하나뿐이라고 했다. 나머지 하나는 30분은 더 가야있다고 한다. 시내를 벗어나서. 할 수 없이 시내에서 볼 일을 먼저 해결해야겠다.

우선 자전거 숍을 찾아 나섰다. 역시 쉽지 않다. 뭐든지 근처에 있는지 물어보고 가까운 곳에서 처리 할 수 있을 때 해결하는 것이 최상이다. 딱 하나 있는데 버스에서 내린 곳 바로 옆이었다. 나는 이미 한참 다른 곳으로 와있는 상황인데. 장비만 빌려서 이곳저곳 손보려고 혼자 끙끙댔다. 하지만 뒷 브레이크 나사는 도저히 끼울 수가 없다. 아저씨도 나사를 끼우지 못했다. 나사가 없다고 아예 브레이크가 작동하지 않는 것은 아니지만 느슨하다. 강원도, 오르막길이 가파른 만큼 내리막길에서 브레이크를 꽉 잡아야 할 것이라고 했지만 자전거포 아저씨도 못 끼우다니. 할 수 없군. 이곳 아저씨와 지도를 보며 코스에 대해 이것저것 물어보는데 내가 예상했던 것과 많이 달라 코스를 또 수정해야 할 것 같다. 머릿속이 복잡하다. 어떻게 해야 할까?

이제 출발하려는데 짐을 묶는 끈이 끊어졌다. 또, 한건했군. 이러한 과정을 겪을 때 만족감도 있다. 깨끗한 새 책을 닳고 닳게 보아서 너덜너덜해지는 기분이랄까. 우체국을 찾아서 텐트와 코펠 등 불필요한 짐을

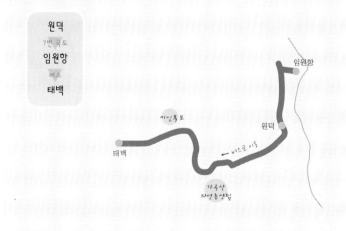

택배로 붙였다. 10kg 정도 덜었다. 속이 다 후련하다. 날아갈 듯한 해방감. 이제 그냥 팍! 팍! 달릴 수 있겠지.

　　찜질방에 도착. 시설이 좋다. 밀린 일기를 쓴다. 일기 쓰는 데에만 3시간이 넘게 걸렸다. 내일 영월 이모 댁에 갈 계획이었다. 내가 예상한 거리는 100km 이하. 하지만 아까 자전거포 아저씨와 상담을 해 본 결과, 150km는 되는 것 같다. 솔직히 평지라도 아침 일찍부터 달려야 겨우 갈만한 거리 같은데 강원도에서. 엄청난 두려움을 주는 이 지형에서 도저히 자신이 없다. 자신감이 결여된 긴장감이 든다. 내일은 어떤 험한 길이 기다리고 있을까. 오늘 아침에 달린 것보다 심하면 어떻하나. 이 모든 걱정을 피곤한 잠이 덮는다.

자전거 부품

자전거여행에는 어떤 가방을 가져가야 할까? 배낭은 뭐니뭐니해도 패니어라는 자전거여행 전용가방이 제일일 것이다. 나도 어디 회사 것인지 모를 패니어를 하나 얻어서 써보려 했지만 너무 조잡해서 관두었다. 유명한 제품들은 가격이 너무 비싼 걸로 알고 있다. 따라서 헝그리한 여행객에게는 일반 집에 있는 배낭 중 적절한 걸 찾아 쓰는 게 현실적이 아닐까 싶다. 참고로 나는 집에 있던 큰 카메라 가방을 가져갔다.

배낭에 대해 한 마디 하자면, 장기간의 여행에서 등 뒤에 뭔가 짊어질 생각은 버려야 한다. 아무리 가벼운 것이어도 타격이 크다. 더구나 등에 배낭을 메면 등으로 배출되는 땀이 증발할 길을 잃어버린다. 등산용 배낭은 비추천이다. 뒤에 짐받이를 달고 짐받이 위에 놓고 끈으로 묶기 편해야하기 때문이다. 따라서 조금 흐물흐물한 것이 아니라 각이 딱 잡혀있는 것을 추천한다. 그리고 가방 속에 있는 짐을 꺼내기 쉬워야 한다. 따라서 지퍼로 가방을 열어젖힐 수 있는 것이 좋다. 일반배낭은 위에서부터 깊숙이 손을 집어넣어야 물건을 꺼낼 수 있다. 짐을 묶어놓은 채로 웬만한 건 꺼낼 수 있으면 더욱 좋다. 안타깝게도 나는 여행이 처음이라 그렇게 세밀한 준비를 하지 못했다. 가방 속에 거의 모든 짐이 있는데 꺼내고 다시 넣고 묶기가 힘들어 고생했다. 나중에는 짐받이 옆에 바이크 박스를 달아서 그나마 괜찮았지만.

뒤에 짐을 다 실으면 단점이 있다. 무게가 너무 뒤로 쏠리는 것이다. 특히 나처럼 20kg이나 뒤에 실고 다니면 오르막길에서 자칫하면 자전거가 뒤로 넘어갈 위험마저 있다. 앞에 바구니를 다는 것은 어렵기도하고 약하다. 앞에도 짐을 실을 수 있는 특수한 가방들 즉 패니어는 여행을 준비할 때 이런 점을 어느 정도 덜어 줄 것이다.

속도계

필수! 속도계가 없다고 자전거가 굴러가지 않는 것은 아니지만 자신이 매일 몇 km를 달렸는지 아니면 이 지점에서 저 지점까지의 거리가 얼마인지를 아는 것은 거리계산과 계획을 잡는데 중요하다. 또한 자신의 속도를 체크하며 달리는 것은 자신의 컨디션이나 도로의 경사를 파악하는데 참고가 된다. 속도계의 종류엔 무선과 유선이 있는데 각각 장단점이 있다.

백미러

여행 전 동네 자전거 숍에서 달으려고 했을 때 아저씨가 말렸다. 비싼 자전거에 흠집난다고. 하지만 백미러 필수품이라고 생각한다. 도로에서 항시 뒤를 관찰해야한다. 하지만 백미러에도 사각지대가 있다는 것을 명심할 것!

스탠드

이것도 진짜 MTB에는 달지 않는 물건이다. 여러 가지 이유가 있다. 자전거에 흠집이 나고, MTB는 가벼워야 하는데 추가로 무게가 나가고, 산에서 탈 때 스탠드가 위험요소가 될 수 있기 때문이다. 하지만 여행 때는 필수다. 처음으로 그 필요성을 느낀 건 출발하면서 지하철에서이다. 보통 때는 아무것도 싫지 않았다면 살짝 눕혀놓을 수 있겠지만 뒤에 짐이 가득 실려 있기 때문에 그것도 불편하다. 짐의 균형이 흐트러진다. 무조건 해놓으면 편하다.
처음에 하지 않았다가 두 번이나 달고 두 번다 부러진 경험을 가지고 있다.

자전거케이스

다른 교통수단을 이용해야 할 경우 매우 유용한 것이 바로 자전거케이스이다.
물론 자전거 케이스 없이도 가능은 하지만 한계가 있다. 예를 들어 시내버스나
비행기를 탈 때 자전거를 그냥 가지고 타는 건 불가능하다. 그리고 기차와 지
하철에는 케이스 없이 자전거를 못 실을 수도 있다. 하지만 자전거를 케이스에
넣고 탄다면 여러모로 편리할 것이다. 자전거 케이스의 종류는 소프트 케이스
와 하드 케이스 이렇게 두 가지이다.

하드 케이스는 비싸며 부피와 무게가 상당하므로 여행과는 전혀 어울리지 않
는다고 본다. 소프트 케이스는 접을 수 있어서 여행과 어울리지만 만약 짐이
매우 많다면 이마저도 부담이 된다. 그리고 싸다! 2~3만 원대부터 있다.

장갑, 고글, 헬멧

자전거를 전문적으로 타지 않았기 때문에 이 세 가지를 착용하고 자전거를 타
본 적이 없다. 이번 여행에서 필수라고 느껴진 것은 장갑과 고글이다. 물론 헬
멧도 중요하지만 나는 하지 않았다. 장갑은 손의 피로를 덜어준다. 부피도 차
지하지 않고 가볍기에 부담 없이 가지고 다닐 수 있다. 고글은 강한 햇빛을 막
아주고 특히 비올 때 앞바퀴에서 날아오르는 구정물과 위에서의 빗물을 커버
해주기 때문에 비올 땐 정말 필수적이다.

9/14 휴식을 위해 영월까지

아침 7:30분 기상. 정말 일어나기 싫었다. 오늘따라 왜 이리 일어나기가 싫지? 그냥 편히 늦잠자고 싶다 정말. 우와아아앙~

자라보고 놀란 가슴 솥뚜껑보고 놀란다더니, 며칠 비를 맞았더니 자다가 목욕탕 물소리가 빗소린 줄 알고 놀라서 벌떡 깨기도 했다. 일어나서

우선 찜질방에 널어놓은 빨래를 수거했다. 밤에 빨래하고 널어놓고 아침에 바삭바삭하게 마른 옷을 입는 기분이란. 음... Good!

　　　어제저녁도 빵으로 대충 때웠기에 아침밥을 먹고 9시에 출발. 오늘은 갈 수 있는 만큼만 가련다. 도저히 새벽부터 일어나 달리고 싶지가 않기에. 찜질방 입구에서 한 아저씨가 커피를 뽑아주신다. 자신도 젊었을 때 하이킹을 한 적이 있다면서 가는 길을 자세히 알려줬다.
　　시작부터 속도가 너무 안 난다. 어제 편히 잤는데도 이렇게 힘들다니, 이렇게 약해 빠진 날 원망하며 달리는데 나중에 알았다. 완만한 오르막이었다는 걸. 경사가 완만하면 시각적으로 못 알아볼 수 있고, 내리막을 내려가면서 오르막을 바라보면 실제 경사보다 훨씬 왜곡되게 인식하게 된다.

Travel Map

영월
31번 국도
영월
31번 국도
88번 지방도
주천
411 지방도
운학리

　오늘 하루도 힘들겠구나 하면서 달렸는데 얼마 안 있어 갑자기 내가 산 윗부분에 있다는 걸 알았다. 갑자기 눈앞에 펼쳐진 산들. 아래서 위를 올려다보는 것이 아니라 위에서 아래를 내려다보는 기분. 와~~ 이걸 내려간단 말이지!

　일순간 지금까지의 모든 기분이 정반대로 뒤집혔다.

　참 신기하다. 계란 프라이 뒤집듯이 갑자기 이렇게 기분이 뒤집힐 수 있다니. 정말 내려가기도 전에 짜릿해지기 시작한다. 손바닥을 부비며 한마디.

　"한 번 내려가 볼까!!"

　정말 짜릿했다. 기분좋은 '감전'이다. 내리막이 정말 맘에 들었다.

차도 별로 없었고 산을 칭칭 휘돌며 내려가는 이 기분이란. 이걸 반대로 올라왔다면 죽음이었겠지만(한번 죽는 게 아니라 두세 번은 죽었겠다), 반대로 내려가니 날아갈 듯하다. 몸도 마음도. 정말 오랫동안 내려갔다.

이제 내리막 끝이겠지 하고 생각했는데도 아직도 산 중턱에 있다. 아직도 내리막이 많이 남았다. 차도 없고 아무도 없는 산으로 둘러싸인 곳에서 내리막을 달린다. 며칠 동안 비만 온 것과 달리 날씨도 정말 맑기만 하다. 혼자 박수치고, 소리를 고래고래 지르고 '발작'을 일으켰다. 갑자기 나의 모든 정신과 몸 구석구석까지 전원이 들어와 기쁨에 떨듯이.

오늘 어떤 오르막이 나오더라도 기꺼이 한달음에 올라가 주리라! 도대체 날로 먹은 내리막길이 얼마인가. 아니 오르막이 나와 주길 바랄 정도였다. 내려가다가 자신이 놔둔 차가 어딘지 잊어버려 헤매는 아저씨를 봤는데 동병상련의 아픔을 강하게 느낀 나는 내려가다가 차를 발견하고 다시 올라가 알려드릴 정도였다. 평소 때 같으면 자전거로 내려간 길 다시 못 올라간다.

9시에 출발했는데 12시에 영월읍내에 도착했다. 지금까지 약 60km 정도 달렸다. 쉬는 시간 포함해서 3시간에. 그만큼 달린 건 놀랄 만한 거다. 이때까지의 평균속도가 25km 정도

됐던 걸로 기억한다. 오다가 재를 하나 넘었다. 한 300m짜리 재였던 것 같은데 한달음에 넘었다. 힘들어도 즐거운 기분으로 재를 넘으니 바로 포도 파는 곳이 나왔다. 목포를 넘어가면서부터는 포도를 못 만났는데 아직도 포도 파는 곳이 있다. 반갑다.

"아저씨 지나가던 객인데 포도 한 송이만 얻어먹고 가겠습니다."

"그려그려, 차라리 그렇게 나오는 게 낫지, 얼마 전엔 한 사람이 양복 입고 와서 포도 500원어치 팔라고 해서 그냥 먹으라고 했어."

이제 얼굴에 철판을 깔고 서론 없이 바로 본론으로 들이댄 것이 효과 있었군. 그 자리에서 두 송이나 얻어먹고 가려는데 한 송이를 또 싸주신다. 먹고 일어나면서 다시 한번 생각한거지만 이걸 당연하게 생각해서는 안 된다는 것. 스스로에게 하는 경고의 소리가 들린다. 처음에 느꼈던 고마움의 강도가 약해지지 말자고.

12시에 영월까지 왔고, 또 예상보다 거리도 짧았기에 오늘 친척 집까지는 아무 문제없이 갈 수 있을 것 같다. 점심은 그냥 가면서 틈틈이 포도, 빵, 우유, 아이스크림, 초코파이로 해결했다. 주천으로 향하는 길. 이제 아까와 같은 내리막은 없지만 길이 편안하다. 날씨 좋고 주변 경치 좋고 차 적고, 공기 맑고, 음악 흥겹고.

'더 이상 뭘 더 바래?'

경치를 간략히 묘사하자면, 눈앞에 큰 산들이 펼쳐져 있는데 그 산들 사이로 빨려 들어가듯 흐르는 강을 따라서 펼쳐진 도로를 달린다고 상상하면 된다. 어제 버스를 타고 강원도에 들어올 때는 하루에 험한 강원도

산을 대여섯 개는 넘어야 할 것이라고 비장한 각오를 했었다. 마치 영화의 한 장면, '반지의 제왕' 같은 환타지 영화에서 주인공이 혼자 적의 소굴이 있는, 앞에 무엇이 기다릴지 모르는 미지의 산속으로 들어가는 그런 기분, 그런 각오였는데.

지금은 너무 즐겁기만 하다. 크하핫!

가다가 또 한 건. 달리는 중에 바이크 박스가 떨어져 나갔다. 오랫동안 무거운 거 싣고 덜컹덜컹해서 달리는 중에 튕겨나가 버렸다. 뭐, 별일 아니지만 확실히 장기간의 여행으로 자전거에 이런저런 징조가 나타나고 있다.

주천을 지나 수주면도 금방, 운학리도 금방 도착하고 말았다. 당초 예상보다 짧은 거리였다. 도착 4:30분 출발한지 7시간 반 만에 120km를 달려왔다. 이렇게 달리는 것이 좋지 않다는 걸 알면서도 자꾸 이렇게 된

다. 아침 일찍 달리고 점심때 여유 있게 쉬었다가 오후에 달리는 것이 좋을 텐데. 계속 몰아서 달리고 있다. 이럴 줄 알았으면 좀더 여유 있게 둘러보면서 와도 되는 것이었는데, 여러 볼거리가 많은 영월을 그냥 지나쳐온 것이 조금 후회된다. 오면서 지나친 것들이 고씨동굴, 책박물관, 곤충박물관, 김삿갓 유적지, 한반도 모양마을, 단종묘, 별마로 천문대 등등. 물론 이런 곳들을 많이 가 보자면 휙휙 둘러보는 것으로 끝내야하는, 내가 꺼려하는 일이 되겠지만 몇 군데는 아쉽다. 허나 무엇보다도 가슴 아팠던 것은 가는 길과 차이가 많아서 동강 어라연에 못 가 본 것. 오늘 산을 내려오면서 동강(어라연) 표지판 앞에서 힘찬 포즈를 취하며 사진도 찍었는데 말이다. 만약 오늘 달릴 길을 미리 알았다면, 거리와 지형을 미리 알았더라면 충분히 볼 수 있었을지도 모른다. 그래서 더욱 아쉽다. 아쉽지만 이곳은 내년에 래프팅으로 올 곳이라고 위안을 삼았다. 내년에 승용차로 동강에 와서 래프팅도 하고 정선지방에도 돌아다닐 계획을 세워야겠다.

결국 이모 댁에 도착했다. 정말 좋다. 내일은 하루 종일 이곳에서 푹 쉴 계획이다. 늘어지게 늦잠 한번 자보자!

때로는 백미러로 내가 지나온 길을 바라본다.

공구 필수품

공구.

'무엇을 가져갈 것인가?'
'얼마나 많은 공구를 가져가야 할 것인가?' 하는 문제이다.

당연하게도 정비에 대한 전문지식이 없다면 이것저것 가져가도 쓸 수가 없다. 따라서 우리네 초보들은 많이 가져갈 필요가 없다. 물론 이런저런 가정을 세운다면 엄청 많아질 것이다. 하지만 아래의 것들은 필수다. 아래의 것들과 이것저것 달려있는 공구세트(맥가이버 칼처럼 생겼음) 하나면 웬만한 건 해결이 된다.

>> 필수 – 타이어 레버, 펑크패치, 펌프, 예비용 튜브

>> 옵션 (오일, 구리스 등) – 중간중간 자전거 숍에서 점검받으면 되기 때문에 필수는 아니다.

| 펑크 패치 | 예비용 튜브 | 타이어레버 | 펌프 |

구름 속 학이 사는 마을, 한 명의 방문객

영월

창 밖에서 막 들어온 햇살이 아직 따스하고 포근한 온기를 품고 있다. 날씨가 참 맑다. 모처럼 정말 늘어지게 자고 싶었지만 7시에 따스한 햇살에 이끌려 일어나고 말았다. 우선 아침부터 먹고 생각을 하자. 오늘은 푹 쉬긴 쉴 것인데 문제는 무엇을 하며 쉴 것인가.

영월 관광안내도를 펼쳐놓고 이 생각 저 생각. 가볼만 한 곳은 많은데 어제 다 지나쳐온 곳이기에 다시 그곳으로 돌아가기는 싫다. 돌아가서 몇 군데 둘러보자면 오늘도 최소 70~80km는 달려야하겠지. 오늘 하루 늘어지게 쉬고 싶은데 그건 좀 거시기 하고 어떻게 할까.

그런데 굿 타이밍! 때마침 친구 하나가 오후에 이곳에 오기로 했기에 기다리기로 한다. 이곳에 도착할 때 친구들을 불러서 한바탕 모이고 싶었는데 다들 학교나 직장에 메어있는 몸이기에 평일에 오기란 너무 어려운 일이었다. 나처럼 백수인 친구 녀석 하나만이 버스를 타고 오기로 했다. 이곳에 버스로 오는 건 쉬운 일이 아니다. 이곳에 들어오는 버스는 하루에 단 3번뿐. 이곳에서 나가는 버스도 3번뿐. 그만큼 외진 곳에 있고 그러기에 더욱 멋진 곳이다. 영월 수주면 운학리. 이곳에서 보는 풍경은 정말 멋지다. 위에서 내려온 구름이 모든 것을 덮어주고 감싸주고 어루만져 주는 곳. 과연 구름雲 속에 학鶴이 머무를 만한 곳里이다.

친구는 오후에 도착할 것이다. 오후에 녀석 도착하면 계곡에서 놀고 버섯을 따러 가기로. 저녁땐 별보며 삼겹살에 소주 한잔! 캬~~~ 이보다 더 멋질 순 없다.

다시 눈을 감기엔 날씨가 너무 아깝다. 모처럼 환상적인 날씨인데. 먼저 어제 아침에 갈아 끼운 튜브. 문제의 튜브가 펑크 난 지점을 확인하고 임시로 때워 놨다. 사실 버려야 할 튜브인데 그냥 비상용으로 놔뒀다.

집밖에 나가 보았다. 그런데 맑디맑은 계곡물, 그리고 그 맑은 물의 일렁임에 따라 반사되는 햇빛은 나를 어지럽힌다. 9월 중순. 계곡에 들어가기엔 늦은 시기일 것 같은데 하지만 유혹은 강하다. 그냥 바로 옷을 벗어던지고 들어가 버렸다. 아!......시원타! 물의 맑음에 내가 동화되는 듯하다. 이곳에 있으면 나도 맑아질 것만 같다.

카메라를 삼각대에 놓고 셀프 카메라 놀이를 한다. 계곡에 돌이 많은 것이 흠이지만 물은 맑고 차다. 차지만 고통으로 받아들여질 정도는 아니고 기분 좋은 시원함으로 받아들여진다. 물에서 놀다가 알맞게 데워진 돌 위에 누워 기분 좋은, 따스한 햇살을 듬뿍 받는다. 아니 벌써 점심시간? 집 앞 자갈밭에 젖은 옷을 벗어 놓는다.

어제 저녁, 오늘 아침, 점심. 영양가 만점인 잡곡밥이다. 이모가 해 준 밥, 맛있게 먹는다. 특이한 버섯도 먹는데 처음 들어보는 밤버섯 이라고 한다.

민규가 올 시간이 되었다. 이 녀석. 이곳 위치를 전혀 모르는데 전화연락이 안된다. 오고 있는 건지, 버스를 맞게 탄 건지 걱정이 된다. 우선 버스가 지나갈 만한 타이밍에 나가서 길에서 기다렸다. 다행히 버스가 지나가고 버스 안에서 미아가 될까봐 두려워 두리번거리던 녀석이 나를 발견하고 내렸다. 내가 버스 지나갈 타이밍을 못 맞추었다면, 버스 안에서 그녀석이 앉아서 맘 놓고 있다가 나를 보지 못했다면 그 녀석은 미아가 될 뻔했다.

친구를 인사시키고 계곡으로 나섰다. 좀 전에 자갈밭에 널어놓은 젖은 옷은 금새 다 말랐다. 다시 갈아입고 마음까지 시원해지는 계곡물 속으로 풍덩. 녀석도 망설임 없다. 한술 더 떠서 "보는 사람도 없는데 뭘." 이라고 말하며 팬티만 입고 들어간다. 계곡에서 물장구를 조금 치다가 발 닿는 곳으로 걸음을 옮긴다. 동네를 돌아보는데 이곳의 경치가 알려졌는지 펜션들을 여러 곳에 짓고 있는 중이다. 그러한 집들 앞에서 마치 우리집인양 한 컷씩 찍고 돌아왔다.

이제 삼겹살을 먹어야하는데. 삼겹살 소주 뭐 다 준비됐고. 그런데 이모부께서 송어회를 먹으러 가니 준비하라고 하셨다. 앗, 삼겹살 vs 송어회. 삼겹살 판정패. 삼겹살은 일단 보류. 송어회라. 중학교 때 한번 먹어본 기억밖에 없다. 그때 송어튀김 맛은 어렴풋 기억이 나는데 회 맛은 기억이 나지 않는다. 송어횟집. 기르고 있는 송어의 양이 정말 엄청나다. 전국에 보내는 곳인가 보다. 네 명이 먹는데 큰 놈으로 세 마리나 주문했다. 회만으로도 배가 터지는 줄 알았다.

몽둥이로 송어를 기절시킬 줄 알았는데 이제는 전기로 한다. 예전의 그 박력 있는 싸움은 기대할 수 없다. 물고기 힘이 얼마나 센지 실감할 수 있을 텐데 전기로 하는 싸움은 너무나 일방적이다. 저항을 용납하지 않는다. 송어가 담긴 물에 전기 막대기를 몇 초간 들이대는 것으로 이 일방적인 싸움은 끝이 났다. 상황종료. 싱겁군. 혹 전기충격이 맛에 지장을 주지는 않을까하는 걱정도 하면서.

회 맛은 환상적이었다. 먹는 방법이 특이했는데 큰 그릇에 각종 야채와 각종 양념 특히 들깨가루와 들기름을 듬뿍 넣고 비벼놓은 다음 회를 그 야채와 같이 먹는 방법이었는데 일일이 야채를 집어 싸서 먹는 것보다 편리하다. 이모, 이모부께서 그리 많이 드시지 않아 내 배는 행복한 비명을 지르다 못해 지나친 행복은 불행이라는 듯 신음까지 해야 했다. 회로 끝이 아니다. 번개가 치면 천둥이 울리듯 회 뒤에는 매운탕이 있다. 어설픈 비유. 배는 터질듯한데도 매운탕이 너무 맛있어 밥과 먹을 수밖에 없었다. 지금도 그때 그 매운탕을 더 먹지 못했던 일이 가슴 아프다. 이모부께선 내 친구 민규를 술상대로 지정하시고 대작(對酌)을 했다. 나는 운전기사라는 핑계로 이모부의 손아귀에서 벗어났고 내 친구만 희생양이 되었다. 그 녀석 술 나만큼이나 못 먹는데. 역시나 얼마 먹지도 못하고 해롱거린다. 옆에서 지켜보자니 안쓰럽기도 하고 너무 웃기기도 했다. 타인의 고통을 보고 즐거워하다니. 그렇게 복어로 변해버린 나의 배를 두들기며 집으로 돌아왔다.

예상보다 심하게 녀석은 집에 돌아오자마자 화장실로 달려가더니 변기와 키스하려는 것인가. 우우~~웩웩웩!!!

그렇게 두어 차례, 해산의 아니 해토의 고통을 인내하고 나서 바로 뻗어버렸다. 별보는 것과 삼겹살은 물 건너갔다. 나는 소주를 싫어하지만 아까 한 잔도 못 먹은 게 왠지 아쉬워서 혼자 삼겹살과 먹으려고 준비해둔 걸 조금 마셨다. 이제 내가 해롱거릴 차례.

친구 놈은 그렇게 뇌사상태가 된 상태로 오늘과 하직했다. 나는 조금 버티다가 별을 조금 보러 나갔다. 보이긴 보이는데 구름 때문에 부분적으로 보인다. 이제, 큰 별자리 외에는 생각도 안 난다. 너무 오랫동안 제대로 별을 보지 못했다. 다음에 잘 아는 친구들과 한번 가서 기억을 쫙 되살려야 할 텐데.

나도 오늘 푹 쉰다고 쉰 건데 계곡에서 두 차례 놀은 것이 은근히 피곤했는지 골아 떨어졌다. 새벽 3시에 구름이 걷혔는지 별을 보러 한번 더 나갔으나 구름은 완전히 걷히지 않았다.

별을 보면서 오래전에 지은 시가 하나 있었다. 처음에 별을 보면서 그 아름다움에 매료되었을 때, 나는 왜 많은 사람들이 별을 볼 수 없는 하늘을 두고 안타까워하지 않고 별을 보고 큰 감동을 못 느끼는지 답답하기까지 한 적이 있었다.

야경(夜景) - 박세욱

종이 울린다.
깜깜한 호수에 파문(波紋)이 일면
지구엔 커튼이 드리워진다.

사람이 그리워.....
달빛을 발려온 화살로 커튼을 찢고
별빛은 수십억 광년(光年) 먼 길을 달려오지만.

사람들은 커튼을 치고 전등을 켠다.

별에 대한 시 중 내가 좋아하는 하나를 이곳에 기록해본다.

별도 울 때가 - 조병화

한참 별들을 멀리 바라보고 있노라니
눈물을 흘리고 있는 별이 있었습니다.
별도 우는가.
하는 생각이 들자
너무 멀리 모래 홀로 떨어져 있어서,
서로 만날 가망 없는 먼 하늘에 있어서,
아니면,
별의 눈물을 보는 것은
스스로의 눈물을 보는 것이려니
밤이 깊을수록,

별들이 눈물을 흘린다. 왠지 나에겐 조금 다른 의미로 다가온다. 요즈음 나는 전에 내가 안타깝게 생각했던 사람들 중 하나가 되어가는 것 같다. 아무래도 별에 대한 열정이 너무 부족한 것 같다. 나갔다가도 추워서 금방 들어와 버리니 말이다. 천문학과라는 것이 부끄럽다. 어쩌면 별에 대한 열정만이 아닐지도 모른다. 무언가를 갈망하는, 그러한 열정이 식어 가는지도 모르겠다. 천문학과가 아니라 젊다는 걸 부끄러워해야 할지도 모르겠다.

"형! 이거 언제 찍히는 거야?"
"벌써 찍혔어, 임마"

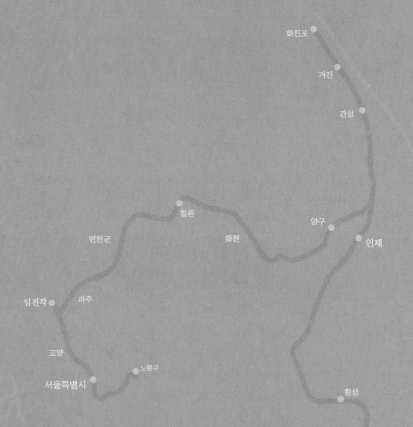

화진포

거진

간성

철원

연천군

화천

양구

인제

임진각

파주

고양

노원구

횡성

서울특별시

영월

Part # 4

영월에서 서울까지 마지막 질주

9/16 홍천으로, 여행이 끝나감을 느낀다

영월 >>>>> 홍천

7시 기상. 장대비가 내린다. 이틀 동안 맑았던 날씨는 거짓말같이 느껴진다. 부슬비가 아니라 쫙쫙 퍼붓는 비다. 왜 떠나려고 하면 이렇게 비가 내릴까. 뭐가 아쉬워 나를 붙잡는 것일까. 싫고 말고 없이 가야만 하는데 마음은 너무 위축이 된다. 어제 하루 쉬었기에 오늘

은 떠나야만 한다. 더구나 이모부, 이모께서 서울에 가야 하기에 나도 떠나야한다. 이렇게 비가 심하게 오니 이모부께선 자전거를 차에 싫고 같이 서울에 갔다가 다시 와서 여기부터 시작하는 것이 어떻겠냐고 하였지만, 죄송하지만 **그건 절대 안 될 말이다.**

일단 준비를 했다. 10시에 출발한다고 말씀드리고 준비를 마쳤다. 그런데 9시 조금 넘어서 상황은 더욱 악화되었다. 장대비에서 엄청 심각한 폭우로 변해버렸다. 호미곶 가는 길, 호미곶 나오는 길, 이틀간 맞았던 비 수준이다. 심각하다. 비에 익숙해졌지만 아니 익숙해진 게 아니라 비만 보면 놀랄 만큼, 즉 데일만큼 데였는데 또 경험하고 싶지가 않다. 비를 보니 마음이 약해진다. 마음속에서 갈등이 심각하다. 이미 10시에 출발한다고 말씀드렸고 준비도 마쳤지만 비가 너무 싫다.

결국 이모께서도 도저히 이 빗속에서는 못 보내겠다고 하며 혼자 집에 남겨두고 가겠다고 하신다. 이모부내외는 서울에 올라가고 나는 친구와 둘이 남아 있다가 내일 떠나라고 한다. 비를 뚫고 가야한다는 의지와 굳이 그럴 것 까진 없잖아하는 마음이 50:50인 상황에서 이모부의 그 말은 큰 영향을 발휘했다. 좋다. 하루 더 쉰다. 친구도 하루 더 머물기로 했다. 그래도 기분이 꿀꿀해서 어제 못 먹은 삼겹살과 소주 두 병, 맥주 두 병을 준비해 놓고 오후에 과음을 하기로 작정을 했다. 이제 할일은 없다. 집안에 갇혀 누워있는 일뿐.

그런데!
11시가 조금 넘자 거짓말처럼 급작스럽게 날씨가 개기 시작한다.
"어?....어!"
우리는 놀라 소리치며 밖에 나가보았다.
".......! 우와!!"

순간 짧은 감탄사 밖에 생각나지 않았다. 비가 그치고 말고의 문제를 떠나서 눈앞에 펼쳐진 풍경이 너무나 아름다웠기 때문이다. 비구름과 맑은 구름 그리고 푸른 하늘과 햇빛이 어우러진 멋진 모습이다. 그렇게 퍼붓던 비가 이런 뜻밖의 선물을 줄 줄이야. 비가 그쳤기에 나는 바로 계획을 수정해야했다. **무조건 출발이다!**

우선 민규와 계곡에 내려가 보았는데 물이 불어 엄청 깊어졌다. 그리고 어제의 맑은 물은 온데간데없이 완전 흙탕물이다. 일단 점심을 먹고 출발하기로 결정. 밥을 먹고 나니 1시가 되었다.

나는 자전거로 출발하면 되지만 친구는 타고 갈 차가 없다. 하루에 3번뿐인 버스 시간은 아직 멀었다. 결국 히치하이킹으로. 버스가 자주 다니는 큰길까지 10km를 가기로 했다. 나는 홍천을 향해 출발!

오늘 목적지는 홍천이다. 출발이 늦었지만 그리 멀지 않기에 충분히 갈 수 있다. 오늘 달린 거리 75km. 다만 순조로운 여정을 위협하는 장애물이 하나 있었다.

오늘 초반에 만난 길은 예술이었다. 지도상에는 지방도가 있는 걸로 나오는데 가다보니 비포장이다. 비포장까지는 좋다. 로드용타이어인 자전거가 조금 걱정되지만 태백에서 짐을 10kg 덜었으니 뭐 괜찮겠지. 문제는 **산!**

오늘 너무 멋진 경험을 한 것 같다. 순수하게 비포장인 산을 하나 넘었다. 아무도 없고 아무도 다니지 않는 산을 넘은 것. 이렇게 얼마나 더 가야할지 가늠 할 수 없었지만 즐거웠다. 이런 산속에서 혼자 갈 길을 가고 있는 나. 나는 오늘의 이 색다른 경험에 희열을 느끼고 있는 것이다. 경사가 심한 곳에서는 주로 자전거를 끌고 갔다. 너무 돌들이 울퉁불퉁해서 타고 가는 건 좀 무리였다. 가면서 중간 중간 삼각대에 카메라를 설치하고 셀프타이머를 맞추고 자전거를 타고 카메라 앞에서 재롱을 떨어보기도 하고. 덕분에 맘에 드는 사진을 건졌다. 좋은 경험이었다. 다만, 시간이 너무 많이 지체되었다. 시간도 보지 않고 룰루랄라 와 버렸기에 홍천까지 가려면 쉬지 않고 달려야만 한다. 아니 쉬지 않고 달려도 해지기 전에 도착 못 할지도 모르겠다. 가면서 만난 뜻밖의 횡재(?)가 아니었다면 말이다.

벌써 3시가 넘었다. 가면서 이 지역까지 오는데 찜빵을 못 먹었기에 찜빵을 하나 먹으면서 길을 묻는데 바로 앞에 정말 무시무시한 재가 하나 있다고 한다. 전에 자전거를 전문적으로 타는 여행객이 그 재를 넘고 바로 그날 라이딩을 접고 모텔을 잡아 뻗었다는 얘길 들려줬다. 그쪽 방향은 쳐다보기도 싫어했다는. 순간적으로 머릿속을 스쳐가는 한라산의 1100도로의 모습. 갑자기 걱정된다. 그냥 달려도 해지기 전에 도착할까말까 하는데 그런 재를 하나 넘으면 거의 불가능해지는데. 아머릿속이 복잡해진다.

'뭐, 뭐가되었든 어차피 넘어야 할 재라면' 이라고 생각하며 우선 달렸다. 오르막이 나오기 시작한다. 긴장된다. 얼마나 심한 재이길래 전문 라이더가 재 하나 넘고 그날 라이딩을 접었을까. 높은 재니까 힘을 아끼며 한걸음, 한걸음.

"음?... 잉?... 에엥?"

"푸하하하하핫"

나는 대소(大笑) 할 수 밖에 없었다. 두 번째 날과 똑같은 상황이었다. 사람들은 보통 자신들의 입장에서 바라본다. 앞에서 체조하는 선생님과 따라하는 학생들의 오른쪽 왼쪽이 반대인 것과 같다. 조금 전의 찜빵집 아저씨가 말한 라이더는 반대쪽에서 올라왔던 것이다. 그리고 분명 재를 넘고 나서 그 찜빵집에 들러서 그런 이야기를 했을 것이다. 둘째 날도 반대편에서 차를 타고 온 아저씨가 자전거로 그 길 못 간다고 말했던 것

과 같은 상황.

한 동안 웃음이 멈추질 않는다. 아깐 괜히 긴장했다. 그 긴장했던 모습이 떠올라 더욱 웃음이 나온다. 긴장도 하고 아주 단단히 각오를 하고 올라가는 중이었는데, **이 반전의 묘미란!**

내려가면서 환호성을 지른다. 아주, 아주 맘에 쏙 드는 내리막길이다. 내가 좋아하는 내리막길은 급경사가 아니면서 산을 휘감아 돌아가는 내리막길이다. 짜릿한 즐거움을 오래오래 만끽하고 싶기에. 오면서 생각을 한다. 아까 찜빵집에서 들었던 그 라이더가 이거 넘고 그날 라이딩 접을 만하다고. 이걸 반대로 왔으면 나도 그랬겠지. **크하하하하** 이 길을 반대로 내려가는 것이 어찌 즐겁지 아니할 수 있겠는가! 가면서 이런 재를 만나지만 않는다면 해지기 전에 홍천에 갈 수 있다.

그 이후에 홍천까지의 길은 특별한 오르막도 내리막도 없는 평탄한 길이었다. 442번 지방도는 국도보다도 넓은 갓길을 가지고 있었기에 또한 편하였고. 허나 엉터리 표지판에 당할 뻔 하였다. 가다가 두 개의 갈림길이 나온다. 하나는 표지판에 횡성이라고 쓰여 있고, 하나는 쓰여 있

지 않다. 나는 횡성으로 가는 중이다.

　그러면 어디로 갈까. 당연히 횡성 표지판으로 가겠지. 그때 우연히 신호등에 대기하던 트럭운전수에게 물어보았다. 어쩌면 직감적으로 뭔가 이상하다고 느꼈기 때문일 것이다. 둘 다 횡성으로 가긴 가는데 횡성이라고 쓰여 있는 표지판 쪽의 길은 한참을 돌아간다는 것이다. 정말 그 순간에 신호등에 걸린 단 한 대의 차, 트럭운전수에게 물어보지 않았다면 홍천에 오늘 못 도착 했을 뻔! 오늘은 정말 뭔가 되는 날이다. 비도 오다가 그쳐주고 말이다.

　가는 길에 터널 두 개를 지났는데 언제나 자전거에게 있어서 터널은 두려움의 대상이라고들 말한다. 지금까지 그렇게까지 두려울 건 없다고 생각했는데 오늘 느꼈다. 두려움을. 후방 깜빡이를 키고 달리는데도 차 한 대가 나를 아슬아슬 스치듯 지나갔다. 깻잎 한 장 차이로, 어두운 터널에서. 2차선 도로에 차도 거의 없었는데 굳이 나를 그렇게 위협해야만 하는 걸까. 아니면 내가 안 보이는 걸까. 내가 그 순간 조금이라도 균형을 잃고 핸들을 왼편으로 꺾었다면 부딪혔다. 십년감수했다는 말은 이런 순간을 위한 것이었다. **진짜 십년감수.**

드디어 홍천 도착! 해지기 전에 도착했다! 찜질방을 찾는데 역시 읍 단위라 찾기가 힘들다. 일단 시내에는 없다. 없으면 없는 대로 어떻게든 되겠지. 우선 밥부터 먹어야겠다. 밥을 먹는 중에 해가 지겠지만.

염소탕 집이 있다. 예전에 진짜 맛있게 먹었던 기억이 있기에. 가격도

Travel Map

운학리
411 지방도
안흥
42번 국도
442번 지방도
6번 국도
횡성
5번 국도
홍천

다른 음식과 비슷한 5,000원. 이번에도 아주 만족스러웠다. 밥을 먹으며 주인아저씨에게 찜질방을 물어보는데 있긴 있는데 굉장히 멀다고 한다. 차로 한 30분 거리에 있다는데 산속에 있어서 찾기가 힘들다고 했다. 차로 30분이면 지금 갈 수 있는 거리가 아니다.

이곳에 아는 형이 살기에 도움을 청하기로 했다. 미리 어느 정도는 이야기가 되어있었다. 저녁 10시에 시내에서 만나서 차로 그 산속 찜질방에 데려다 준다고 한다. 밥을 먹고 10시까지 시내에서 시간을 보내고 있으면 되는군. 좋은 장소 중 하나는 패스트푸드점. 특히 2층짜리. 2층 구석에 앉아 일기를 쓴다. 그 후 회림이 형을 만나 피자를 먹었다. 3시간 전에 흑염소탕에 밥 두 공기를 쓱싹했는데 벌써 배가 고프다. 둘이 피자 한판을 해치웠다.

형과 찜질방을 찾아가는데 극도로 황당했다. 엽기적일 정도로 멀고 으슥한 곳에 있다. 찾다가 우리는 '악에 받혀서' 가서 안 자더라도 도대체 어떻게 생겨먹은 찜질방인지 확인하고 돌아가야겠다고 말했다.

와!!!! 결국 찾았지만 차에서 내리지도 않고 다시 회림이 형네로. 도무지 이곳에 놔 둘 수가 없다며 집에 같이 가자고 했다. 혼자 사는 게 아니라서 폐를 끼치는걸 알지만 Thanks 형.

오자마자 씻고 잠든다.
1시 넘었다.

Thanks 형

긴 오르막을 오르는 요령

여행을 하다보면 자연스럽게 어느 정도 터득이 가능하다고 말하고 싶다. 나 역시 아무것도 모르고 떠났지만 숱한 오르막을 오르다보니 점점 더 높은 곳을 오를 수 있게 되었다.

자전거여행에서 정말 오르막만큼 싫은 것이 없다. 하지만 그 긴긴 오르막을 올랐던 순간들이 아직도 기억에 생생히 남아있다. 숨은 턱까지 차오르고 다리는 후들후들 거리던 기억. 그러나 한 걸음, 한 걸음 올라가 마침내 정점에 다다랐을 때의 그 희열. 그리고 그 이후 신나는 내리막길. 이런 기억들이 하나하나 모여서 추억의 일부분을 이루는 것이기에.

우선 기어변속이 중요하다. 보통 동네에서 자전거를 탈 때 짧은 언덕들은 힘으로 밀어붙여서 넘어가곤 했고 기어 바꾸는 것도 귀찮고 철티비(유사 MTB)는 좀만 타면 잘 바뀌지도 않았으므로…. 그러나 여행에선 이야기가 다르다!

앞서 언급한 것처럼 페달링 속도를 높여야지 적은 힘으로 오래탈 수 있다. 따라서 기어를 오르막의 경사에 맞추어 적절히 변속을 해주어야 한다. 그리고 언덕을 오르면서 힘이 들면 한 단계씩 계속 낮추어 주면서 페달링 속도를 유지할 수 있도록 한다.

유의할 점은 힘이 더 들어가야 한다는 것을 감지하면 신속히 기어를 바꾸어 주어야 한다는 점. 바꾸는 타이밍을 놓치게 되면 변속이 잘 안될 뿐만 아니라 체인에 너무 많은 힘이 걸려서 끊어지는 수가 생긴다! 심지어 변속기가 부서질 수도 있다!

만약 타이밍이 늦었다면 뒷 변속기가 아닌 앞 변속기를 바꾸어 줄 수는 있다.

앞 변속기는 뒷 변속기에 비해 쉽게 변속이 가능하다. 허나 한번에 뒷 변속기 여러 개를 변속하는 효과가 있기 때문에 한 단계씩 조절해야 할 때는 조금 정밀하지 못한 선택이 될 것이다.

또 한 가지는 몸을 앞뒤, 좌우로 조금씩 흔들면서, 엉덩이도 안장에서 조금씩 위치를 바꾸어 준다. 이렇게 하면 여러 근육을 사용할 수 있게 되기 때문이다. 이것도 말하지 않아도 자연스럽게 이렇게 될 것이라고 생각한다.

2명이 달리다

홍천 >>>>> 거진

무조건 7시에 눈이 떠진다. 여행하면서 정말 부지런해졌다. 아무리 피곤해도 7시면 눈이 떠지니 말이다. 다시 자려고 해도 잠이 오지 않는다. 물론 조금 활동을 하면 피로가 언젠가 몰려오지만. 아침을 신세지고 바로 집을 나섰다.

오늘은 특별한 날이다. 친구가 자전거를 가지고 홍천으로 오기로 했기 때문이다. 홍천에서 만나기로 약속을 했었기에 나는 어제 홍

천에 왔다.

기표, 나는 이 친구가 자전거에 관심을 가지고 있는지 몰랐다. 이번 여행을 위해 며칠 동안 공부한 나와 비교한다는 것이 우습지만 나보다 더 많이 알고 있고 한강에서 자주 연습했다고 한다. 자전거도 꽤 비싼 것이다. 정가로 90만 원대 급. 이 친구가 함께 라이딩을 하고 싶다고 말했을 때 끝까지 혼자하고 싶다는 생각도 들었지만 함께 하는 라이딩도 아주 귀중한 경험이 될 것 같다. 또한 혼자서 여행 한다는 것, 홀로 떠났지만 계속 혼자는 아니었다. 하루 동안 함께 달린 동료도 있었고, 친척, 부모님, 후배 부모님, 아는 형, 자전거숍 사장님 등등 주위에서 도움 준 분이 정말 많기에 모든 걸 혼자 했다고 말하는 것 자체가 얼마나 주제넘은 말인가 하는 생각이 불현듯 스쳤기 때문. 여행을 한다는 건 많은 사람으로부터 도움을 받게 되는 일이다. 늘 느끼는 것이지만 내가 받은 것처럼 누군가에게 도움을 베푸는 사람이 되고 싶다.

기표와는 앞으로 2일간 함께 할 것이다. 11시에 홍천터미널에 기표 도착. 좀 안다고는 해도 자전거여행 경험은 제로다. 그래서 내가 버스에 자전거를 실을 수 있다고 할 때도 쉽사리 수긍하지 못했다. 녀석, 해 보면 안다니까. 역시 백문 만여일행!(百聞萬如一行)

도착하자마자 친구의 자전거가 조금 삐그덕거려 자전거포를 찾았다. 자전거는 잘생기고 맘에 든다. 내 것보다 한 단계 더 고급 모델이다. 하지만 여행을 위해서는 내 자전거가 더 적합해 보인다. 친구 것은 묵직한, 차로 비유하면 지프차. MTB를 위한 자전거. 내 것은 날렵한 스포츠카 같다. 특히 내 것은 도로용 타이어를 끼웠고 핸들과 안장이 더 높게 세팅되어 있다. 색깔 또한 친구 것은 검은색 내 것은 빨간색이었기에 그런 느낌을 더 준다.

기표는 아무런 비상용 공구가 없어 내 것으로 하려고 했으나 내 휴대용 펌프의 입구가 기표 것과는 맞지 않는다. 유비무환이지만 이틀간 아무 일도 없기를 바랄 수밖에. 펑크라는 게 그렇게 쉽게 나는 건 아니지만 언제 날지 모르기 때문이다. 다시 말해야겠군. 펑크라는 게 언제 날지 모르는 것이지만 한편 그렇게 쉽게 나는 것도 아니기 때문이다. (참말이라는 게. 아 다르고 어 다르군.)

대충 점심을 때우고 출발. 벌써 1시가 넘었다. 시간상 많이 갈 수는 없을 것 같다. 이녀석이 약속시간보다 3시간이나 늦게 오는 바람에 너무 늦게 출발을 하게 되었다. 새로운 동료의 합류로 힘이 넘친다. 쭉쭉 달려 나간다. 하지만 정말 짜증났던 44번 국도. 원래 차가 많은지 어쩐지 홍천에서 인제까지의 거의 전 구간이 공사 중 이어서 편도 1차선에 트럭, 버스는 말할 것도 없고 갓길도 전혀 없었다. 이런 길을 또 만나게 되다니. 도로 옆으로 보이는 소양강의 모습은 정말 멋진데 도로사정이 감상할 기회를 빼앗아간다. 기표가 걱정이다. 역시 우려한대로 한강도로에서 타다가 이런 도로를 처음 타게 되는 기표는 역시 얼굴빛이 변할 정도로 기겁을 했다. 내가 첫날 기겁했던 것처럼. 거기다 오르막도 꽤 많았다.

인제까지 60km 정도 밖에 달리지 않았는데, 더 가야하는데,라는 생각이 강했지만 기표는 벌써 진이 빠져버렸다. 게다가 터널을 지날 땐 공포에 질려버렸다. 그 심정 내가 이해 못 한다면 누가 이해하겠는가. 더 가기도 그렇고, 또 라이딩을 접기엔 시간이 좀 남고. 그때 좋은 아이디어가 떠올랐다.

다시 한번 동해바다에 가자! 보는 것만이 아니라 동해바다에 뛰어들어야지. 2년 만에 만난 친구와 바다를 본다는 것 멋지지 않은가. 더구나 동해안을 바로 옆에 두고 쭉 올라오는 동안 내내 비만 와서 동해바다에 뛰어들지 못한 것이 그동안 조금 맘에 걸렸는데 잘됐다. 그동안 날 응원해준 동해안과 찐한 포옹을 한번 해야 쓰것다! okay!! 상황종료.

지도를 보고 동해안 제일 위에 있는 '화진포' 해수욕장에 가기로 결정했는데 외길이었기에 버스를 타기로 했다. 그곳까지 자전거로 오늘 못 갈 테니까. 이로써 두 번째 버스를 타게 되는 것이 맘에 걸렸지만 그냥 밀고 나갔다.

버스를 타고 거진으로 향한다. 버스에서 기표와 나는

사람, 꽃, 자전거

완전히 곯아 떨어졌다. 이 길에 진부령이라는 고개가 하나 있는데 높지
는 않은 고개, 540m 정도의 고개였지만 내일 자전거로 넘어야하니까
한번 봐두려고 했는데 그냥 잠들어버렸다.

도착하자마자 숙소를 잡는다. 다양한 종류의 숙소 체험을 위해 이번엔
여인숙을 선택했다. 둘이 만원에 자기로 흥정을 봤다. 물론 시설은 매우
안 좋다. 방은 작고 선풍기와 TV는 작동도 안 된다. 한 층에 하나 있는
화장실은 최악이다. 여인숙과 여관의 차이를 눈으로 확인했다. 처음으로
여인숙에서 자보는 것이었지만 내 생각엔 여기가 일반 여인숙보다도 조
금 시설이 더 떨어지는 것 같다.

거진항을 거닐었다. 배들이 즐비하다. 밤바다. 시원하다. 아직 시간이
되지 않은, 아무도 없는 배 위에 올라 사진도 찍고. 지금까지 여러 포구
들을 지나쳐 왔다. 이곳도 마찬가지로 스치듯 지나가는 포구이다. 하지

만 나는 막연히 포구를 좋아하고 있고 포구에 대한 어떤 기대감을 가지고 있다. 내가 진짜진짜 해 보고 싶은 것 중 하나가 고기잡이배에서 하루라도 일해 보는 것이다. '체험 삶의 현장'이라는 프로에서 고기잡이배에서 일하는 걸 보면 정말 부러웠다. 이번 여행 때 가능하면 한번 해 보고 싶었는데. 사람들에게 물어보니 이곳 배들은 새벽 3~4시에 출항하여 아침 10시경에 돌아온다고 한다. 순간 갈등이 된다. 어떻게든 배 주인을 알아내서 부탁을 해볼까하는 생각도 들었지만, 지금 혼자가 아니니 뜻대로 할 수 없다. 다음에 언젠가는 하리라.

사실 유명한 사람이 되고 싶은 생각은 없지만 '체험 삶의 현장'이나 '도전 지구탐험대'를 보면 아주 조금만 유명해져서 그런 프로에 나가보고 싶다는 생각이 들 때도 있다. 다행히 '지구탐험대'는 가끔 일반 대학생도 선발하는 경우가 있기에 나중에 지원해 볼 생각이다.

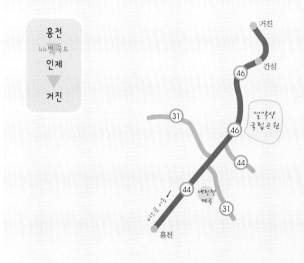

Travel Map

나는 막연히 포구를 좋아하고 있고
포구에 대한 어떤 기대감을 가지고 있다.
내가 진짜진짜 해 보고 싶은 것 중 하나가
고기잡이배에서 하루라도 일해 보는 것이다.

친구와 같이 라이딩을 하게 되었는데, 그 첫날인데, 축하파티라도 해야 하는데. 맥주라도 한 잔 해야 하는데. 마음은 굴뚝같지만 둘 다 모두 피곤하다. 약한 모습. 아쉽다.

내일 아주 긴~~ 하루가 될 것이다. 내일 아침 일찍 바다에 뛰어들 생각에 가슴이 두근거린다.

두근거리는 가슴, 바다에 뛰어들기 전에는 멈추지 않을 것이다. 바다에 뛰어들어야만 멈출 것이다.

대중교통에 자전거 싣기

승용차
가능하다. 히치하이킹은 거의 불가능하다고 본다. 택시나 지인의 승용차에 앞뒤 바퀴를 모두 빼면 가뿐히 들어간다. 트렁크도 좋고 뒷좌석도 좋고.

밴
앞바퀴만 빼도 넣을 수 있다. 뒷좌석만 확보하면 OK.

시내버스
거의 불가능. 하지만 앞뒤 바퀴 모두 빼고 잘 들고 탄다면 가능성 있다. 붐비지 않으면 특히 시골에서는 버스에 사람이 적을 수가 있으므로 필요하면 활용하기를.

시외버스
매우 쉽다. 짐칸에 그냥 쏙 들어간다.

트럭
히치도 가능하고 그냥 들고 실어버리면 끝.

전철
가능은 하나 심히 껄끄럽다.

기차
역시 가능하지만 껄끄럽다.

비행기
자전거 가방 없이는 절대 불가능, 그리고 기압차에 의한 펑크를 방지하기 위하여 반드시 바퀴의 바람을 빼놓아야 한다.

위의 목록 중 껄끄럽거나 하는 어떤 교통수단에도 자전거 케이스에 넣기만 하면 문제없다.

동해와의 재회, 종일 비 맞으며 진부령을 넘다

거진 >>>>> 양구

6시에 알람을 맞춰놓았지만 또 7시에 기상. 새벽에 빗소리에 두어 번 깼다. 또 일어나자마자 날 괴롭히는 빗소리! 정말 지긋지긋하다. 통일 전망대에 가볼 계획이었으나 지금 가도 문을 안 열기에 패스. 게다가 또 뭔 놈의 안보교육을 받아야 된다기에 관두고 대신 화진포 해수욕장으로.

이른 아침, 비를 맞으며 해수욕장에 가서 해수욕을 한다. 9월 18일에. <u>흐흐흐흐</u> 짜릿하겠는걸. 춥지 않을까하는 걱정도 들었지만 바다와 포옹할 나의 가슴이 뜨거우면 됐다. 오늘 갈 길이 멀기에 일어나자마자 출발. 8시에 화진포 해수욕장에 도착했다. 화진포 해수욕장으로 이르는 길. 화진호를 지나는데 정말 멋지다. 물안개 피어오르는 화진호의 아침풍경이란! 음...

산허리를 휘감아 내려와 호수 위를 사뿐히 밟고 있는 자욱한 연기들은 이 비경을 보기 위한 구름의 하강인가. 아니면 물안개의 승천인가. 혹시 저 속에 또 다른 세상이 감추어져 있는 건 아닐까. 그리고 지금 이 순간 이 옆을 달리고 있는 나는 얼마나 행복한가!

Travel Map

거진
7번 국도
간성
46번 국도
진부령
▼
인제
31번 국도
양구

거진
간성
진부령
46
826
대암산
설악산
국립공원
44
31
양구
46

　이곳이 멋지지 않았다면 김일성, 이승만. 남북한의 정상들이 한자리, 바로 이곳에 별장들을 지었겠는가.

　　비에 홀딱 젖은 몸이 추워지기 시작한다. 그러나 이미 홀딱 젖었기에 조금도 거칠 것이 없다. 젖지 않은 상태에서 폭우 가운데 첫걸음을 내딛기는 어렵지만 이미 젖어버렸다면 아무 거칠 것이 없는 것이다.
　화진포 해수욕장. 바다다!
　'비도 오는데 물에 들어가는 건 포기할까?' 천만에 말씀.
　'더 이상 비가 나의 의욕을 꺾는 걸 지켜볼 수가 없다!'
　일말의 망설임 없이 바다로 뛰어들었다. 물은 맑았으며 예상보다 차갑지도 않았다. 바다는 파도 없이 잔잔했다. 다만 내가 그 잔잔함을 깨어버렸지만.
　그리고 동해바다의 전형적인 특징인 급경사가 아니라 완만한 경사였기에 깊이 들어갈 수 있었다. 아직 기표 녀석은 들어오지 않는다. 망설이고 있다. 하지만 바다를 바라보고 있는데 어찌 마음이 동요되지 않을 수 있을까. 바다의 부름에 어찌 'NO'라고 대답할 수 있을까. 곧 기표도 뛰어들었다. 우리는 비 내리는 이른 아침 아무도 없는 바다에서 마음속의 먼지들을 웃음으로 털어버리며 물장구를 쳤다.

조개도 있었다. 이곳에서 반나절만이라도 머물 계획이었다면 조개를 많이 주워서 조개구이 해먹을 수도 있었을 텐데. 쩝. 사진도 많이 찍었다. 혼자 여행하다가 사진을 찍어줄 사람이 생기니 좋다. 특히 기표는 사진 분야의 전문가이다.

가야할 시간. 오늘 갈 길이 상당히 멀다. 물에서 나온 우리는 씻을 곳도 갈아입을 곳도 없기에 그대로 옷을 입고 모래투성이인 발을 고인 빗물에 씻고 출발.

배가 고팠다. 아침에 빵 하나를 반씩 나누어 먹은 게 전부이다. 하지만 우선 달려보기로 했다. 거진을 지나고 간성을 지나고 진부령으로. 배고픔은 어느새 잊혀졌다. 간성을 지날 때 나를 놀라게 또 기쁘게 하는 것이 있었으니 다름 아닌 새끼 사슴이다. 풀숲에 있다가 달아나는 모습을 보았다. 갑자기 바로 옆 풀숲에서 튀어 오르길래 깜짝 놀랐는데 참 이런 곳에 사슴이 있다는 게 믿기지가 않는다. 지금은 내가 잘못 본 게 아닌가하는 생각마저 든다.

진부령. 과연 어느 정도일까. 한걸음 한걸음씩 진부령을 향해 다가간다. 그런데 싸움은 생각보다 싱겁게 끝났다. 왜냐하면 이미 슬금슬금 계속 올라오던 오르막길에서 조금만 더 올라갈 뿐이었기에. 물론 긴 오르막이었으나 한번에 해발 540m의 고개를 넘을 것이라는 건 나의 착각이었다. 지금까지 줄기차게 올라왔던 완만한 오르막, 진부령이라기엔 애매해서 도대체 진부령을 넘고 있는 건지 아님 시작도 안 한 건지 궁금했는데 말이다.

기표는 아직 전혀 적응이 되지 않았기에 죽을 상이다. 계속 뒤로 처진다. 나도 여행 출발 전에 한번 남산을 오른 적이 있는데 해발 262m 밖에 되지 않는 산이지만 정말 괴로웠던 기억이 난다. 힘들어하는 기표를 위해 내가 큰 소리로 시를 읊어주었다.

태산이 높다하되 하늘아래 뫼이로다!
오르고 또 오르면 못 오를리 없건만은
사람이 제 아니 오르고 뫼만 높다하더라.'

자전거로 산을 넘을 때 이 시조보다 더 적절한 시조가 있을까. 훗날 자전거 여행자를 위해 무려 500여 년 전에 양사언은 이런 명시를 남겨놓았구나.

드디어 진부령 정상. 아침을 아직도 못 먹었지만 인제까지 가서 점심을 먹기로 했다. 정점에 올랐으니 내려가는 일만 남았다. 기표는 안경과 헬멧을 쓰고 있었는데 헬멧은 내가 쓰고 있는 일반 모자와 같은 챙이 없기에 비가 오면 취약이다. 비가 눈에 들어가고 안경을 흐리게 만들어 앞을 보기 힘들어지기에. 그래서 내 모자를 기표가 썼다. 나는 고글을 썼기에 안경보다는 괜찮았다. 그런데 내리막길에서는 고글도 소용없었다. 흙탕물이 고글 안으로 들어와 순간순간 나를 장님으로 만들었다.

여행 때 안전을 위해 헬멧을 착용한다면 눈을 완전히 커버하는 고글을 착용하거나 해야 할 것 같다. 챙 있는 모자를 쓰던지. 위에서 내리는 빗물이 눈앞을 가리지 않도록 조처를 취할 수 있도록. 빗물이 앞을 가리지만, 그래도 내리막길이다. 우리는 환호성을 질렀다. 빗줄기에 우리의 환호성이 묻혀버리지 않기 위해 우리는 고래고래 악을 쓰며 소리를 질렀다. 특히 기표는 처음으로 큰 규모의 고개를 힘들게 오른 후, 내리막길을 맛보기에 더더욱 기뻐했던 것 같다.

　내리막 이후에도 한참을 더 달려 인제 입구에서 양구로 꺾어지는 31번 국도를 타고 나서야 식당을 찾았다. 메뉴의 선택사항이 별로 없다. 가난한 여행자들에게는 말이다. 두부전골을 먹었다. 밥 기본 두 그릇. 앞으로 양구까지는 약30km가 남았다. 지도상에 광치령이란 이름을 가진 놈이 하나 남았는데 까짓 거 밥도 먹었는데.

　광치령까지의 길은 눈으론 잘 모를 정도로 완만한 오르막의 연속이었다. 얼핏 평지처럼 보이는 곳에서 왜 이리 속도가 안 날까, 곧 령을 하나 넘어야하는데 벌써부터 힘들면 어떡하나, 이러다 화천까지 못가는 것은 아닐까하는 걱정을 하였다. 하지만 그 긴 오르막들이 광치령까지의 길이었다. 광치터널이 나왔다. 광치터널을 지난 순간 가장 먼저 날 찾아온 감정, 어리둥절함. 문을 열었는데 예상치 못한, 매우 낯선 풍경이 펼쳐지는 순간의 당혹감. 숱한 동화적 상상력을 담은 만화

에서 작은 문 하나를 열고 난 후 펼쳐지는 새로운 세계.

터널을 빠져나오면서 바로 내가 느낀 감정이었다. 내 눈앞에 펼쳐진 풍경은 가슴이 벅차오를 정도로 멋진 모습이었다. 먼저 우리는 터널을 지난 후 순간 허공에 떠 있는 듯한 느낌을 받게 되었는데 허공에 떠있는 우리의 왼편엔 산들이 오른편에는 저 아래에 논밭이 펼쳐진다. 이때 받은 인상은 뭐랄까, 상당히 이국적이었다.

그리고 이어지는 내리막길. 조금 달리고 있는데 뒤에서 기표가 크게 불러 세운다.

"야 잠깐 멈춰봐! 아까 거기 풍경 장난 아니지 않았냐?"

(나와 같은 생각을 하고 있었군. 멈출까 말까 고민하고 있었는데.)

"어 맞아 장난 아니었는데. 아~ 사진 찍었어야 하는데!"

"카… 맞아. 거기서 사진 찍었어야 해."

"그럼 다시 올라가?"

"……………"

"……………"

"아쉽다. 나는 아까 우리가 외국 온 줄 알았어."

다른 사람과 공유할 순 없지만 우리들의 마음속에만 깊이 간직해야지. 기록은 기억을 지배하는데. ….쩝.

광치령을 오르는데 지체된 시간을 보상받아 4시에 양구에 도착했다. 이때까지 달린 거리가 벌써 110km를 넘어섰다. 오늘 나는 화천까지 가고 싶었는데 조금 애매하다. 어떻게 할까. 화천까지 50km 정도 남은 것 같은데 길이 평탄하다면 잘하면 7시까지 도착 할 수 있을지도. 허나 길이 평탄하리라는 보장이 전혀 없다. 역시 리스크가 너무 크다. 아마도 가다가 해가 질 것 같다. 하지만 가고 싶은 마음도 강하다. 고민을 거듭한 끝에 결국 양구에서 머물기로 기표와 의견을 맞추었다. 내일 알게 된

것이었지만 매우 탁월한 선택이었다.

　　하지만 이제 4시를 넘겼기에 벌써 하루를 마감하기는 이르다. 그래서 미술관에 가기로 했다. '박수근 미술관'. 오는 길에 이정표를 봤다. 미술과 관련해서는 나는 백치에 가깝다. 초등학교 때부터 미술선생님과는 원수지간이었던 것 같다. 준비물을 준비해간 적이 거의 없었던 것 같다. 대학교 때도 서양미술의 이해 수업성적은 심각하다. 그런 나였지만 박수근 미술관 이정표를 보았을 때 머릿속을 스쳐지나가는 그림이 있었다. 내가 이름을 알고 있는 정말 극소수의 화가다. 그만큼 그의 그림이 나에겐 인상 깊었고 기억에 남아있기에. 왔던 길을 약 4km 돌아갔다.

　나는 그의 투박하고 소박한 듯한 화법이 좋다. 다른 사람과는 정말 확연히 구분되는 그의 그림이다. 다른 그림들은 자주 보고 공부를 좀 해야 그림을 보고 화가를 알 수 있을 텐데 박수근의 그림은 단 한 점만 보아도 그의 다른 그림들을 분별할 수 있는 것 같다. 생각 외로 그의 작품은 그리 많지 않았다. 원래 적게 그린건지 여기 없는 건지 몰라도. 대신 화

가의 삶. 살아온 과정에 대한 상세한 기록이 남아있다. 어린시절 사진부터 청혼 편지까지. 그리고 그의 무덤과 동상도 이곳에 있다.

　이제 저녁을 먹을 시간. 오늘 둘 다 잘 먹어야할 필요가 있을 것 같다. 조금 비싸더라도 무조건 고기를 먹자. 나는 전부터 계속 삼계탕이 먹고 싶었는데 삼계탕집 찾는 건 언제나 힘들다. 결국 고기뷔페를 발견하

고 그리로 갔다. 그래 좋아! 한번 뽀사지게 먹어보자!

잔챙이들은 버린다. 김밥이니 이런저런 건 다 버리고 고기 몇 가지만 집중적으로 먹었다. 사람이 많다. 이곳에서는 지금 강원도민 체육대회인가? 그런 대회가 며칠 간 열리는 중이어서 그런지 단체로 온 운동 그룹들이 많다.

양구엔 다행히 찜질방이 하나 있었다. 시설은 안 좋았지만 그래도 빨래 등에 규제가 전혀 없고 찜질방에 빨래를 널 수 있어 좋았다. 지금까지 널 수 있게 되어있어서 널은 적은 없었지만. 신발부터 시작해서 모든 옷을 다 빨았다. 빨래에만 한 시간 이상이 소요되었다.

힘들게 빨래하고 널고 화장실에 가니 세탁기가 있다. 오우~이런. 손님 쓰라고 놔 둔건 아니지만 쓸 수 있는데. 안타깝군.

일기를 조금 쓰다가 수면실로. 오늘 피곤한 하루였다. 잠은 잘 들었는데 새벽에 여러 차례 깨야만 했다. 이곳도 마찬가지로 단체로 온 운동선수들이 많았는데 이 사람들, 최소한의 예의가 없었다. 새벽 3, 4시에 수면실에 와서 얼마나 큰 소리로 떠드는지. 아주 짜증나 죽는 줄 알았다.

내일은 오늘보다 더 힘든 하루가 될 텐데 말이다.

여행전 훈련

가장 기본적으로 기초체력을 다져야 하지 않을까? 여행 전 자전거를 탈 수 없는 상황에 있었기 때문에 앉았다 일어서기, 스트레칭, 달리기를 주로 하였다. 여행 전 기초체력을 다지는 것은 지극히 당연한 일이며 뭔가 특정한 운동이 정해져 있는 것이라고는 생각하지 않는다.

따라서 여행 전에 특별히 준비해야 할 것은 자전거를 타는 훈련이다. 서울을 기준으로 설명하자면 자전거를 타고 훈련하기에 매우 좋은 환경이라고 생각이 된다.

스텝 l

앞서 서울이 자전거 훈련에 좋은 환경이라고 말한 이유는 서울에는 한강에 자전거 도로가 잘 되어 있기 때문이다. 그리고 한강의 자전거 도로까지 진입하기 위해서는 일반 도로를 타 보아야 할 것이다. 이것 역시 훈련이다. 수많은 차들 속에서 어떻게 달릴 것인가? 어떻게 신호를 건널 것인가? 집 앞에 가게 갈 때처럼 인도에서 달리는 것은 무리다. 차도에서 자동차와 함께 달리는 훈련이 필요하다. 한강의 자전거 도로를 오가다보면 자연스럽게 어느 정도 훈련이 될 것이다.

먼저 한강의 자전거 도로에서 자전거를 타면서 자신의 몸에 맞게 자전거 안장 높이 등을 조절할 수 있다. 그리고 바른 자세로 자전거를 타기 위해 노력할 수 있고 또 중요한 것으로는 '페달링'을 훈련할 수 있다.

스텝 2

그리고 경사진 곳을 연습하기 위해서는 남산이 있다. 무조건 높은 기어비로 힘들게 올라가는 것이 아니라 경사에서 기어비를 어떻게 잘 조절해서 긴 경사도 지치지 않고 올라갈 수 있을지 훈련해 볼 수 있다.

스텝 3

다음으로는 당일치기 내지 2박 3일 정도의 짧은 여행을 다녀와 볼 수 있을 것이다. 미리 여행을 함으로 얻을 수 있는 좋은 점은 시행착오를 피할 수 있다는 점이다.

나의 경우는 지금 쓰고 있는 모든 준비를 거의 하지 못한 채 길을 떠났기 때문에 준비물에서부터 참 많은 시행착오를 겪었다. 그것이 여러 가지로 기억에 남는 점도 있지만 다음에 다시 자전거여행을 할 때는 훨씬 더 멋지게 해낼 수 있을 것 같다.

마지막으로 하고 싶은 이야기는 아이러니하게도 이 모든 준비를 완벽하게 해야만 여행을 갈 수 있는 것이 아니라는 사실이다. 내가 그 증거이자 증인이다. 펑크 한 번 때워본 적 없이 나는 전국여행을 떠났다.

잘 몰라도 되고 자전거의 비전문가여도 괜찮다. 완벽하게 준비해야만 떠날 수 있을 것이라는 생각 자체를 버리길 바란다. 그런 생각이야말로 많은 사람들이 자전거여행이 현실이 아닌 한번의 소망으로 그치게 하는 원인이기 때문이다.

다시 홀로 마지막 날을 준비하다

양구 >>>>> 철원

새벽 6:30분. 기표를 깨웠다. 주위를 보니 가관이다. 무질서, 무개념하게 널브러져 있다. 수면실을 나가니 더 가관이다. 소파, 복도, 찜질방 문을 열고 문에 걸쳐서 자는 사람, 탈의실 바닥 등 다니기가 힘들 정도로 사람들이 널브러져 있다. 역시, 체육대회에 참가하러온 단체들이 와서 수용인원을 초과해 버린 것이다. 매우 교육상 좋지 않은 모습이다.

아침에 날씨가 정말 추웠다. 가을에 접어들면서부터 느끼고 있었지만 이가 달달 떨릴 정도이다. 기표와 만나기 전 긴팔 옷을 내 것까지 준비해 오라고 부탁해 놓길 잘했다. 긴팔을 입었다. 내 긴팔 추리닝은 지난번에 임원항에서 회 먹을 때 정신없이 행동하다 잃어버렸기에.

시작이 매우 순조롭지 않다. 지도에 멀쩡히 나와 있는 길을 사람들에게 물어보니 길이 없다고 한다. 쉽사리 납득이 가지 않아 같은 질문을 무려 4명에게 물어보았다. 결국 돌아가는 길을 택해야 했다. 화천까지.

길은 매우 인상적이다. 소양호를 끼고 평균 산 중턱정도의 높이에서 강을 따라서 산을 굽이굽이 오르락내리락 하면서 무려 30km 이상을 달렸다. 정말 계속 그런 길의 연속이다. 일어난 지 3시간이 넘었는데 아직도 아무것도 먹지 못했다. 어떻게 그럴 수가 있는가. 경치가 눈에 들어오지 않는다. 길가 식당을 발견하고 배를 든든히 채웠다.

다음으로 **추곡령**을 지났다. 또 하나의 령(嶺)이다. 지루한 오르막. 그러나 심하진 않다. 뒤에 오는 기표의 표정은 압권이다. 나에게 웃음과 힘을 준다. 정점에 올라 추곡터널을 지난다. '이 터널 뒤에는 또 어떤 세상이 펼쳐질까?'

광치터널을 지난 후만큼은 아니었지만 이곳도 멋진 풍경이 펼쳐졌다. 역시 허공에 떠 있는 듯한 길 위에서 멀리 내려다보이는 평화로운 풍경들. 이제 화천으로 꺾어지는 지방도로. 이번엔 파로호를 끼고 달린다. 파로호를 보며 달리는 길 역시 경치도 좋고 기분도 좋다. 오늘 다행히 날씨도 맑다. 꾸준히 달려 화천 도착. 벌써 거의 70km를 달렸다. 어제 화천으로 향하지 않고 양구에서 머무른 것이 얼마나 다행스런 판단이었는지 두말할 나위가 없다.

작별의 시간이 너무나 빨리 찾아온 것 같다. 이제 헤어질 시간. 기표는 이곳에서 버스를 타고 집으로 돌아갈 것이다.

"이틀 동안 적응이 안 된 몸으로 고생 많았다. 진짜 수고했다!!"

"하.....진짜 죽는 줄 알았다. 이렇게 힘들 거라고 생각 안했는데."

"아직 적응이 안 되서 그래. 나도 첨 며칠이 제일 힘들었는데 적응되니까 괜찮더라구."

"아, 몰라. 앞으로 이런 여행 안하고 한강에서만 탈래."

하핫. 아마 이 녀석 얼마 지나면 다시 여행이 하고 싶어질 꺼다. 나도 여행이 끝난 후 앞으로 나에게 이렇게 자전거 탈일은 아마도 없을 거라고 생각했지만. 여행기를 정리하는 지금 머릿속에서는 여러 가지 다른 루트의 여행 경로가 마구 생성된다.

한 가지는 **남해안 일주**. 짧고 현실성 있다. 내가 전국일주라고 말은 하지만 실제 남해안을 일주하지는 않았기 때문이다. 남해안에 섬들이 많기에 몇 군데 가보고 싶다.

아니면 다시 한 달 정도의 코스로 서울에서부터 이번에는 시계방향으로 먼저 속초로 가서 이번에 가지 못한 울릉도와 독도를 보고 배를 타고 포항으로 건너간 뒤 부산에서 배를 타고 일본 규수로 가서 오사카까지 자전거로 간 뒤 다시 배를 타고 한국에 돌아오는 루트 등등.

이중에 아직 확정적인 것은 없다. 몇 가지의 아이디어일 뿐. 하지만, 구체적이지는 않아도, 나는 내 안에 새로운 씨앗이 뿌려졌음을 감지한다. 예전에 하와이에서 뿌려진 씨앗처럼. 아직은 막연해도 언젠가는 이루어질 수 있다고 믿는다.

버스를 기다리는 기표의 표정은 행복해 보인다. '나 드디어 집에 가서 아주 행복해요~'라고 얼굴에 쓰여 있다. 하지만 이 녀석 여행이 끝난 후 그때의 추억에 대해 곧잘 흐뭇하게 이야기하곤 했다.

후... 크게 숨을 내쉬어 본다.

아직 나의 여행은 끝나지 않았다. 나는 다시 떠난다, 나의 갈 길을. 혼자 떠난 여행. 마지막에 혼자서 마무리 짓고 싶다. 나의 여행은 내일 끝날 것이다. 8/20일에 출발하여 9/20일까지 총 32일간의 여행이 내일 마무리 된다. 여정이 끝나갈수록 빨리 집으로 돌아가고 싶은 생각보다 여행을 계속하고 싶다는 생각이 든다. 아쉬움이 너무 많이 남아서 그런 것 같다. 이제 여행이 끝나가는 이 시점에서 다음 번에는 무엇을 어떻게 준비해서 어떻게 여행해야겠다는 그런 그림이 머릿속에서 확 그려진다. 이번에 아쉬웠던, 부족했던 요인들을 채울 수 있는 그런 **전체적인 마스터플랜**이.

그리고 특히 **태풍으로 지체된 4일**. 그 시간으로 인해서 마지막에 여유가 많이 부족했다. 하지만 이미 계획이 이만큼 진행되었기에 되돌리긴 힘들 것 같다. 그 태풍들 역시 여행의 한 부분으로 받아들여야 한다. 예정대로, 정확히 내가 처음에 계획했던 '8/20출발 ~ 9/20도착', 깔끔하게 실천하고 끝낸다. 계획했던 2,000km도 내일로써 마무리 지어진다.

후… 크게 숨을 내쉬어 본다.
아직 나의 여행은 끝나지 않았다.
나는 다시 떠난다, 나의 갈 길을.
혼자 떠난 여행.
마지막에 혼자서 마무리 짓고 싶다.
나의 여행은 내일 끝날 것이다.

오늘 남은 나의 갈 길도 멀고 내일도 멀다. 기표를 뒤로 한 채 철원으로 바로 출발. 양구에서부터 계속 군부대만 본다. 화천에서 철원으로 넘어가는 길은 더욱 심하다. 특히 검문이 강화되어서 일일이 신분증까지 체크하고 있다.

정말 거의 쉬지 못하고 계속 달리기만 했다. 그러다가 나도 모르게 큰 고개를 하나 넘었다. 이름 하여 '말고개'. 높은 고개인줄도 모르고 '왜 이렇게 오르막이 안 끝날까.' 계속 의문을 품으며 '조금 있으면 끝나겠지' 그렇게 쉬지 않고 계속 달리다 보니 꼭대기다. 말고개 해발 560m. 허허…. 스스로 놀랐다. 이런, 한 번에 이렇게 높게 올라오다니.

쾌감100% 내리막길. 이쪽은 차가 거의 없다. 최외곽 도로이기 때문인가. 우선 김화를 지난다. '철원'이라는 표지판을 보고 지금까지 달렸는데 그 철원은 '신철원'을 의미하는 것이다. 진짜 철원은 구철원이다. 따라서 표지판에 표기된 거리보다 더 가야한다.

신철원에 도착하여 내가 원했던 목적지인 철원으로 향한다. 벌써 120km를 넘게 달렸지만 오늘 철원까지 도착할 것이다. 시간은 충분하다. 조금 쉬엄쉬엄 가도 되는데 목적지가 가까워지기 전에는 약간의 불안감에 계속 달리고 목적지가 가까워지면 좀더 힘내서 빨리 도착해버리자는 생각으로 쉬지 않게 된다. 어찌 보면 참 미련하기 짝이 없다.

드디어 철원도착.

확실히 이곳은 평야지대다. 사방이 탁 트였다. 철원에 도착했을 때 약간 흥분된 상태였는지 더 달리고 싶다는 충동을 억눌러야했다. 먼저 저녁을 먹자. 삼계탕. 왜 계속 삼계탕이 먹고 싶을까. 마지막 밤인데 잘 먹어야지. 오늘 달린 거리도 있고. 온 시내를 뒤졌다. 삼계탕을 위한 **집착!** 결국 한 사람이 일러준 곳에 갔는데 아니 삼계탕이 뭔지 모르시나! 삼계탕이 아니다. '닭한마리'라는 메뉴가 있는데 이건 2인용이란다. 1인분만 시켜도 된다고 한다. 밥은 서비스로. 두 번째도 서비스. 밥은 시켜야 한다고 하지만 지금까지 밥만큼은 대부분 푸짐하게, 후하게 주었기

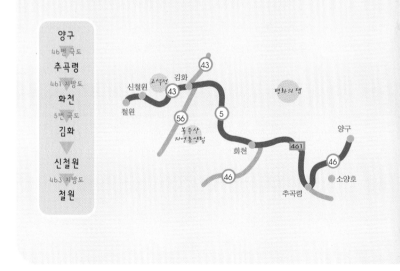

때문에 나의 기준은 그렇게 높아져 있는 상황이었다. 이런 유형의 여행에서 밥 정도도 서비스로 먹지 못한다면 문제가 있다. 여행할 때는 헝그리할 땐 헝그리하게! 허나 가끔은 럭셔리하게! 행동한다는 것이 나의 생각이다.

마지막 밤이다. 마지막 밤!

아… 뭔가 있어야 하는데. 마지막 밤인데 이렇게 넘어가나. 아 뭔가 기억에 남을 만한 일을 하고 싶다. 분위기 있는 곳에서 맥주 한 잔 하면서 사색에 잠겨볼까. 감상에 젖어볼까. 어떻게 마지막 밤에 자축하는 파티가 없을 수 있단 말인가!!!

맘껏 계획 세워보지만 몸이 따라주질 않는다. 지금 몸에 알코올이 들어가면 진짜 마지막 날 즉 내일 뭔가 일정에 지장을 줄까 두렵다. 에라이! 잠이나 자자!

오늘 150km나 달렸다. 어제도 120km, 내일도 120km. 화끈한 마지막 3일이다. 정녕 마지막 밤이 이렇게 허무하게 흘러간다는 말인가. 아아~ 뭔가, 뭔가. 기억에 남을 만한 시간을 보내지 못한 것에 대한 아쉬움이 아직까지도 남아있다. 너무 피곤했다는 말은 이제 핑계로 밖에 들리지 않는다.

"순간의 안락함은 훗날의 후회를 남긴다."
알면서 왜 그랬을까?

경비산출 방법

이것도 사람들이 가장 많이 물어보는 질문 베스트 3안에 들어가는 것 같다. '총 여행경비가 어느 정도였는지?' 다.

자전거와 기타 장비들이 있으면 초기 비용은 거의 들어가지 않을 것이고 없다면 상당한 지출을 필요로 할 것이다. 이외에 실제 여행에서 사용하게 되는 경비는 비록 내가 기록을 하지는 않았지만 이번 여행의 경우에 32일간의 여행에 대략 60~70만 원 가량을 쓴 것 같다.

매일 식비+간식비가 평균 만 원 정도 들어갈 것이고 숙박비는 텐트를 사용하지 않을 경우에 대략 만 원 안팎이 들어갈 것이다. 하지만 식비는 지인의 집을 방문했을 경우 들어가지 않을 것이고 숙박비 또한 지인의 집 방문 혹은 텐트를 사용할 경우 들어가지 않는다.

하지만 그렇게 절약이 되는 비용을 기타 추가비용이 상쇄시킨다. 배를 타거나 다른 교통수단을 이용할 때, 입장료가 있는 장소를 들어갈 때 혹은 자전거를 수리할 때 드는 비용들. 따라서 매일 기본적으로 이만 원 가량이 들어간다고 계산을 하였다. 따라서 32×20,000=640,000원. 예상비용과 실제 들어간 비용이 비슷했던 것 같다.

이것은 여행의 성격에 따라 약간씩 차이가 있겠지만 식비, 숙박비, 교통비 등의 기본적인 몇 가지 사항들만 고려한다면 자신의 여행루트와 세부계획에 따른 경비가 어느 정도 산출이 될 것이다.

마지막으로 한 가지 나의 생각은, 여행을 할 때 최대한 비용을 절감하는 것도 중요하지만 중요한 순간에 너무 세세하게 비용을 계산하여서 진짜 중요한 것을 놓치고 후회하는 일이 없어야 한다는 것이다.

final day

       어제 코고는 사람 때문에 밤새 잠을 설쳤으나 마지막 날이라는 두근거림에 새벽 5:30분에 일어났다. 오늘도 긴 하루가 될 것이기에 새벽부터 부지런히 움직여야 한다. 6:30분에 길을 나섰다. 지독하게 춥다. 아침 공기는 살을 에운다. 확실히 어제 150km 타서 다리근육이 뭉친 게 느껴진다. 잠을 잘 못 자서 근육이 풀리지 않은 것 같다. 춥긴 하지만 새벽공기를 가르며 달리는 기분. 이 기분도 오늘이 마지막. 이 기분 더 느끼고 싶다.

신탄리역에 도착했다. 신탄리역은 개인적으로 추억이 담긴 장소이다. 대학 초년시절. 마지막 기차역인 이곳에 친구들과 무거운 텐트와 망원경 코펠 등 짐을 한가득 짊어지고 무작정 와서 별을 보았었다. 처음 왔던 것이 가을이었고 두 번째로 겨울에 왔었는데 밤에 너무 추워서 도로를 달린 기억이 생생하다. 알지 못 하는 동네에 밤에 와서 마냥 도로를 걷다가 공터에 텐트를 치고 별을 보고 추우면 뛰고, 따뜻한 라면과 혹은 전혀 익지도 않은 날 호빵으로 허기를 달래고. 추위와 싸우고, 졸음과 싸우고. 특히 'RUN! RUN!'이라고 외치며 새벽 3,4시경 아무도 없는 도로 위에서 달빛만을 받으며 달렸던 기억. 달리다 지쳐 숨을 고르며 올려다본 하늘에서 본 밝았던 별똥별.

　　어느 다리 앞이었는지 '지뢰주의!'라는 표지판을 보고 다리를 건너지 못했던 기억. 그 밤중에 어디선가 끼익하는 시소 타는 소리와 어린

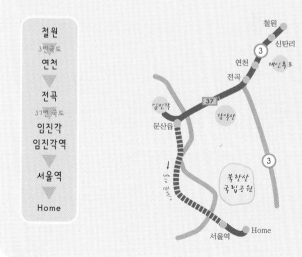

여자아이 웃음소리에 모두가 오싹했던 기억들. 이 모든 추억들. 나의 추억을 간직한 이 장소에 와보고 싶었다. 마침 목적지와 일치한 방향에 있기에 잘 되었다. 그런데 너무 춥다. 추워서 어서 RUN 해야만 할 것 같다.

해는 나오지 않고 비가 내리기 시작한다. 아직은 살금살금 내리는 비다. 마지막 날만큼은 비를 안 맞길 간절히 바랬었는데. 이렇게 내리다 말겠지, 중얼거리며 아직 실망하지 말자고 스스로에게 말했다. 하지만 빗줄기는 점점 굵어져 입고 있던 긴팔이 젖기 시작했다.

'그칠 거야. 그칠 거야.'

다시 한번 희망을 갖기 위해 노력한다. 전곡을 지나자 길에는 군인차량, 미군차량들이 그득하다. 북쪽임을 느끼게 한다. 갓길 없는 도로와 내리는 비. 공기가 정체되어 트럭, 버스가 지나가면 한동안 그 매연이 머물러 있다. 호흡곤란이다. 특히 오르막에서는 숨을 멈출 수 없어 모두 들이마시고 만다.

전곡 구석기 유적지를 지나 문산 도착. 이미 온 몸은 젖고 말았다. 비는 더욱 굵어졌기에 정말 미칠 것만 같았다.

마지막 날. 오늘만큼은 비 맞고 싶지 않았는데. 정말 오늘만큼은 기분 좋게 달리고 싶었는데! 스스로를 타일렀던 자제력이 일순간 폭발하고야 말았다. 나는 고래고래 악을 쓰며 소리를 질렀다. 정말 분한 마음이 극에 달해 미칠 것만 같았다.

"장난 하냐! 이거밖에 못 오는 거야? 폭우야 쏟아져라! 뭐냐 이것도 비라고 오는 거야?! 이런 18. 쏟아져라, 쏟아져라!! 야~~야!!!"

정말 정신 나간 사람이 되어 달리면서 계속 소리 질렀다.

"한번 누가 이기나 끝장나게 맞아보자!"

이 땐 반쯤 미쳤었는지도 모르겠다. 이제 어디 가서 '미친 사람 본 기차의 창 밖으로 풍경들이 지나간다.
많은 기억들도 스쳐지나간다.
그러나 창밖으로 스쳐지나는 풍경만큼이나 선명하지 않다.
난 지금 이번 여행의 마지막 문단을 쓰고 있는 것이다.
뭐랄까. 차분해진다.
정신은 맑아지고 있지만 나는 내가 지금 무엇을 느끼는지,
어떤 기분인지 등을 말하기 어렵다.
기쁨과 슬픔, 외로움, 고독감, 만족감, 감동, 유쾌함.
서로 어울리지 않을 것 같은 감정들도
이 순간은 모두 한자리에 모여 서로 인사를 나눈다.

적은 있어도 미쳐 본적은 없다'고 말할 수 있을런지. 고래고래 소리
지르고 악쓰고. 더구나 우비도 입지 않았다. 가방도 비닐로 감싸지 않았
다. 정말 이성적이지 못한 행동이었다.

도대체 난 누굴 원망하며 누구에게 소리를 지르는가. 하늘? 대기 중
의 입자들이 산란시키는 푸른빛에다가 대고 소리치나? 그런다고 무엇이
해결되지. 사람을 동물과 구분시켜주는 특징인 이성. 하지만 때론 이성
적인 우리 인간들은 비이성적인 행동을 필요로 한다. 지금처럼.

나중엔 체념하고 텅 비어 황량해진 정신으로 달리기만 했다. 가다가
군인에게 물어보았는데 역시 판문점에는 일반인은 들어갈 수 없다고 한
다. 대신 그 앞에 임진각이 있다.

임진각에 도착. 비가 오는 날씨임에도 관광객이 많다. 모두가 단체
관광인데 중국, 일본 관광객이 거의 전부였다. 비 때문에 사진을 찍기가
너무 어렵다. 결국 제대로 찍은 건 거의 없다. 사진기의 수명은 또 단축
되었다.

철조망이 있고 군인들이 지키고 있다. 이곳이 아쉽게도 38선은 아니다. 판문점까지 못 갔으니까. 38선은 아니지만 철조망으로 저 멀리까지 경계가 되어있음을 보고 그리로 넘어갈 수 없음에 기분은 가라앉는다. 뭐랄까. 분명 무언가 느껴지는 것은 있었다. 다만 내가 받은 느낌은 나에겐 식상하게 들리는 '분단의 현실에 대한 슬픔', '통일에 대한 희망' 등 흔히 쓰는 표현과는 거리가 먼 무엇이었다.

분명 이곳은 무겁고 엄숙해야할 장소일 것이다. 하지만 이곳을 관광지로 개발한 정신 나간 사람들은 도대체 누구일까. 조잡함의 극치이다. 더구나 이런 엄숙한 장소에 바이킹과 놀이기구들이 있어야 하는 이유는 뭘까. 사람들이 바이킹 못 타서 환장해서 이곳까지 와서 바이킹 타는 걸까. 한국사람보다 외국사람들이 더 많이 방문할 것 같은데 이따위로 만들어 놨으니 뭐라고 생각할까. 이곳을 의미 깊은 곳으로 만들려 했을지는 모르겠는데 첫 단추부터 잘못 끼웠다.

임진각. 나의 여행의 마지막 코스였다. 이곳에 대해 내가 받은 인상이 어떠하든 간에 이곳은 나의 마지막 코스다. 물론 아직도 집에 가려면 한참 남았다. 이제 기차를 타고 서울역으로 갈 것이다. 그리고 마지막으로 한강을 타고 집으로 돌아갈 것이다.

지도상에 도라산역이라고 있는데 그곳이 사실 마지막 역이
다. 마지막 역으로 가려 했으나 도라산역은 일반 기차역이 아니
다. 임진각역에서 기차를 타야만 갈수 있는 특수한 역이다. 그
곳에 땅굴 등이 있어 북한과 가까운 지역인 만큼 소지품 검사도
한다고 한다.

나의 마지막 미션. 기차에 자전거 싣기!

임진각 역에서 기차를 탔다. 자전거를 기차 플랫폼 앞에 세워
놓았는데 역무원들이 자전거를 쳐다보고 고개를 갸웃거린다.

'태클을 걸까 말까?' 하는 고민의 표정이 읽힌다. 이럴 때 근처에
있어 눈이 마주치거나 하면 안 된다. 그러면 말을 걸고 싶어지니까. 저
멀리서 시치미 뚝 뗐다. 대중교통수단에 싣는 것이기에 나름대로 더러워
진 자전거를 수건을 희생시켜 아주 깨끗이 닦았다.

여기가 마지막 역이었기에 실을 수 있었던 것 같다. 지금은 기차가 텅
텅 비어서 자전거를 싣는 건 쉽다. 하지만 지하철만큼이나 껄끄러운 일
인 듯 하다. 기차가 출발하고 곧 한 역무원이 나오더니 안 된다고 한다.
접는 자전거조차 금지라고 한다. 나는 양해를 구했고 역무원은 앞으로
사람들이 많이 탈 테니까 승객들에게 피해 가지 않도록 잘 하라고 하기
에 아무에게도 피해를 주지 않는 곳! 기차 칸 사이에 쏙 들어갈 만한 장
소에 놔두었다. 정말 딱이다! 정말 사람들이 많이 탄다. 기차에 싣는
건 쉬운 일이 아니다.

기차엔 여행객으로 보이는 젊은 사람이 있었다. 내 나이 또래 같다.
반가운 마음에 말을 걸어 보았다. 그는 도보 여행자였다. 친구와 여행했
는데 친구는 며칠 전에 돌아갔고 그도 오늘이 마지막 날이다. 열흘 전에
포항에서 버스, 기차, 도보를 이용하여 여기까지 왔다. 서울역에서 버스

를 타고 포항으로 돌아간다. 그도 오늘이 마지막 날이구나. 혼자 여행하는 사람을 만나니 반갑다. 짧게 만나 인사하는 것만으로도 서로에게 힘이 되는 것 같다.

기차의 창 밖으로 풍경들이 지나간다. 많은 기억들도 스쳐 지나간다. 그러나 창밖으로 스쳐지나는 풍경만큼이나 선명하지 않다. 난 지금 이번 여행의 마지막 문단을 쓰고 있는 것이다. 뭐랄까. 차분해진다. 정신은 맑아지고 있지만 나는 내가 지금 무엇을 느끼는지, 어떤 기분인지 등을 말하기 어렵다. 기쁨과 슬픔, 외로움, 고독감, 만족감, 감동, 유쾌함. 서로 어울리지 않을 것 같은 감정들도 이 순간은 모두 한자리에 모여 서로 인사를 나눈다.

그 후 얼마 지나지 않아 홀딱 젖은 그 상태로 잠이 들었는데 추워서 잠을 제대로 잘 수가 없다. 발발발 떨었다. 내 좌석은 젖었을 뿐 아니라 흙 범벅이 되었다. 청소하시는 분 힘드시겠지만, 죄송합니다. 하지만 저도 어쩔 수 없어요. 어느새 서울역이다.

역이 정말 크다. 빠르게 자전거를 들쳐 메고 역을 빠져나왔다. 빗속에 서울 도심 라이딩. 추워서 이가 딱딱 부딪히는데 멈추질 않는다. 자다 깨서 더욱 심하다. 결국 우비를 꺼내 입었다. 그래도 춥긴 마찬가지. 이런데도 감기에 걸리지 않는걸 보면 확실히 단련이 되었다. 여행기간 내내 몸살이 나지 않아서 정말 다행이다.

비가 옴에도 도심 라이딩에 능숙해졌는지 쉽사리 원효대교를 찾아 건넜다. 왼편으로 63빌딩이 보인다. 이 이후의 라이딩은 정말 최악이었다. 한강도로를 타고 동쪽으로 향하다가 결국엔 길을 잃고 정신없이 헤맨 기억뿐이다. 서울 지리를 잘 모르는 것도 문제고 지도를 전혀 보지 않고 대충 간 것도 치명적인 나의 잘못이다. 이번 건 정말 치명적이다. 동호대교를 다시 건너갔어야 하는데 생각 없이 동쪽으로 달리다가 잠실대교를 건너 간신히 다시 자전거 도로를 타고 또 동쪽으로 갔다. 정말 정신 나간 짓을 했다.

자전거 도로가 끊겨서 테크노마트, 어린이대공원, 건대입구 주위에서 빙빙 돌았다. 비는 하염없이 내린다. 정말 정신이 없다. 드디어 넘어지기까지. 내리막길에서 브레이크를 잡으니 비에 자전거가 미끄러져 반바퀴 회전하며 슬라이딩을 했다. 앞 플래시가 깨졌다. 뒷 브레이크는 이제 완전히 기능을 상실했다. 앞 브레이크도 반(半)송장이 되었다. 하지만 결국에는 집에 도착하였다.

그리고 나는 멀쩡하다!
나는 완주했다!!
나는 해냈다!!!

나는 완주했다

EPILOGUE

여행은 끝났다. 해냈다는 뿌듯함 그리고 아쉬움. 여행 중 겪었던 기억들이 뒤엉키며 새로운 감동을 만들어 낸다. 지금 '감동'이라는 단어 하나에 '기쁨', '성취감' 이러한 좋은 감정들만이 아니라 '슬픔', '고독감', '분노', '좌절감'과 같은 내가 겪었던 모든 감정들이 녹아들어가고 있다. 짧은 단어, 짧은 문장 하나에 얼마나 많은 감정, 의미가 담길 수 있을까. 얼마만큼이나 시간의 흐름 속에서도 그때의 감정을 되살려줄 수 있을까.

나는 여행을 통해서 무엇을 느꼈는가. 내가 지금 자유롭다는 것 그래서 행복하다는 것. 달리는 여행의 순간순간 − 파란 바람이 내 두 뺨을 스쳐 지날 때, 앉아서 쉬면서 한 모금의 물로 갈증을 적실 때, 바다를 건너며 아무런 방해 없이 내 시선이 지평선까지 도달할 때 − 말할 수 없는 해방감을 느꼈었다. 하지만 태풍을 만났을 때, 비를 만났을 때 등 여러 번 심한 좌절감과 분노마저 느끼지 않았던가. 그 기억들은 이번 여행이 나에게 가져다주는 감동을 누그러뜨리지 못했다. 오히려 지금 이 순간에는 웃을 수 있는 추억으로 간직되어 있다.

시간은 흐를 것이다. 아마 한 달, 두 달도 지나지 않아서 나의 생활은 마치 아무 일도 없었던 것처럼 일상으로 돌아가겠지. 하지만 무언가 이전과는 다른 삶이길 기대해 본다. 잊지 못할 추억거리를 간직한 삶. 앞으로 살아가면서 나를 앞으로 나아가게 할 것은 좋은 추억들일 것이다. 여행을 하면서 나를 계속 앞으로 나아가게 했던 열망처럼. 지금까지 이 여행기를 기록해 나간 것은 나의 부족한 기억을 위함이다. 그래서 내가 여행을 하면서 가진 순간순간의 감정과 다짐을 잊고 방황할 때 다시 한번 식어가는 불씨를 되살릴 수 있도록. 힘들 때나 기쁠 때나 언제든지 다시 이 추억을 꺼내볼 수 있도록 .

감사의글 여행을 시작하기까지 도움주신 모든 분들께, 여행 중 저에게 격려와 용기를 주신 모든 분들께, 여행 후 이 책이 나오기까지 수고해주신 모든 분들께, 그리고 부족한 글이지만 끝까지 읽어주신 모든 분들께 이 자리를 빌어 말씀드립니다. "감사합니다!!"

ELFAMA는 꿈과 희망을 가지고
도전하는 모든 이들에게 건강과 행복을
기원합니다

WWW.elfama.com

구입문의

본사 : MBS Corporation 경남 창원시 팔용동37-7번지 TEL (055) 265 - 9415 ~ 9418 FAX (055) 265 - 9419

서울사무소 : 서울 중랑구 망우3동 526-11번지 TEL (02) 496 - 5922 FAX (02) 496 - 9525 e-mail : mtb2u@yahoo.co.kr